加德纳趣味数学

经典汇编

三角、随机行走及图灵机

马丁·加德纳 著　　陆继宗 译

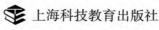
上海科技教育出版社

图书在版编目(CIP)数据

三角、随机行走及图灵机/(美)加德纳著;陆继宗译.—上海:上海科技教育出版社,2017.6(2023.8重印)
(加德纳趣味数学经典汇编)
ISBN 978-7-5428-5873-3

Ⅰ.①三…　Ⅱ.①加…　②陆…　Ⅲ.①数学—普及读物　Ⅳ.①O1-49

中国版本图书馆CIP数据核字(2016)第035205号

献给高德纳
非凡的数学家、计算机科学家、作家、音乐家、
幽默大师、趣味数学迷等

目 录

女士们、先生们：

欢迎观赏这世上最伟大的数学马戏团表演！来看看由人类凭借其超凡智慧所创造的迄今最魅惑人心最难以想象的智力趣题吧！为在数的世界中，在词的海洋中，在几何学中以及在自然界中展现出来的那些神秘的、迷人的模式而惊奇吧！为那些奇异的、刺激的悖论，为那些令人难以置信的脑力体操绝技而颤抖吧！请看看第1、3、8章中的那些"三环大马戏"①吧！就在这里——所有最有趣娱乐的真实来源，如今，在一个新的版本中，以空前的博大恢弘展现在你们面前。

马丁·加德纳再次成为一场快节奏马戏综艺表演的技艺精湛的演出指挥。这里为每个人都准备了一些好东西；确切地说，这里为每个人准备了几十件好东西。本书将各种激动人心的思想美妙地协调平衡在其10章中。这些思想，或发端于近在眼前的物件，如火柴棒，如纸币，或起始于远在天边的对象，如行星，如无穷的随机行走。我们将得知古代做算术的器具和现代对人工智能的解释。这里既能让你的双眼秀色饱餐，让你的双手过足玩瘾，又能让你的大脑酣

_____

① 原文为 three rings。双关。显义即本书第1、3、8章中那些三个圆相切或相交的插图。但其隐义似有二：一是英国作家托尔金(John Ronald Reuel Tolkien，1892—1973)的奇幻小说里的"精灵三戒"，是一种虚构的魔法人工制品；另一是 three-ring circus，一种在相邻的三个圆形场子上同时演出三套不同节目的大型马戏表演。不管怎么说，此词无非隐喻本书内容或像魔戒那样法力无边、变幻无穷，或像马戏表演那样五花八门、精彩纷呈。——译者注

畅淋漓地运转一番。

马丁·加德纳撰写的关于数学娱乐的300篇专栏文章,就如同海顿[①]的交响乐或博斯[②]的画作那样,是这世上的瑰宝。许多年来,我一直把它们作为信息和灵感的源泉,放在我工作的书房里伸手可取的地方。起先,我保存原初的页面,这是从我自己的各期《科学美国人》上撕下来的,这些资料最早发表在那上面。后来,当这些专栏文章以书的形式结集出版时,我又急不可待地去把每一本都弄到手,赏读其中增添的趣闻轶事和事实背景。我希望有一天,当技术发展到能让书籍以数字形式记录在盒式磁带上发行时,这些珍宝将属于第一批被制成可在网上获得的文字作品。

是什么使得这些小文章如此让人另眼相看?原因很多,可能比我想到的要多。但我认为主要的原因是,马丁本人的热情在他那温文尔雅的文笔中熠熠生辉。他有一种特别的本领,即能用最少的行内话来描述数学的各种构思,使得数学概念的美,可被各种年龄、各种背景的人所欣赏。他的作品我的父母能看,我的孩子也能看。然而他所描述的数学内容,具有足够密集的信息,以至像我本人这样的专业人员,仍能从中获得不少知识。

巴纳姆[③]说得对,人喜欢偶尔被骗一次,而魔术师马丁诡计多端,奇招满身,哄骗有方,搞笑怡人。但重要的是,他一丝不苟,秉直公正。他煞费苦心地核查了他依据的所有事实,提供了完美的历史背景。这些文章既是学术性的宏

---

① 海顿(Joseph Haydn,1732—1809),奥地利作曲家。古典主义音乐的杰出代表,被誉为交响乐之父和弦乐四重奏之父。——译者注

② 博斯(Hieronymous Bosch,1450—1516),荷兰画家。早期尼德兰画派最著名的代表之一,被尊为对人性具有深刻洞察力的天才画家和第一个在作品中表现抽象概念的画家。其作品主要是复杂而独具风格的圣像画。——译者注

③ 巴纳姆(Phineas Taylor Barnum,1810—1891),美国马戏团经纪人兼演出者。以骗局起家,又以展出侏儒等畸形人而大发横财。后转为文艺演出的经纪人,创建了著名的大型巡回马戏团——巴纳姆和贝利马戏团,首先推出了前文提到的"三环大马戏"。——译者注

论，又是普及性的诠释；它们是完全可靠的，是经过仔细推敲的。有好几次，我对于某个论题做了一次我认为是全面综合的研究，而同时马丁也在独立地准备一篇关于同一论题的专栏文章。结果无一例外地，我会发现所有据我所知最值得选取的珍品他都选取了，而且我所遗漏的少量瑰宝也被他发掘了。

好了，快、快、快——马上进大帐篷去，一场令人惊叹的表演就要开始了！拿上一大袋花生，坐到你的座位上去。乐队要开始奏序曲了。演出开始了！

高德纳[1]

1992年修订

---

① 高德纳(Donald Ervin Knuth, 1938—　)，美国计算机科学家。因在算法分析及编程语言设计方面的贡献获 1974 年图灵奖。他的《计算机程序设计艺术》(*The Art of Computer Programming*)一书最为世人称道。——译者注

> 有时这些想法仍会惊愕着
>
> 纷扰的子夜和午间的静澈。

——T·S·艾略特[①]

本书各章原本是每月一篇出现在《科学美国人》杂志上的专栏文章，这个专栏的标题是 Mathematical Game（数学游戏）。经常有数学家问我，我采用这个词组做标题是什么意思。这可不容易回答。game 这个词曾被维特根斯坦[②]用作例子来说明他所谓的"家庭词"（family word），即一种无法给予单一定义的词。一个家庭词有着多个词义，这些词义有点像一个人类家庭中的成员那样联系在一起，而这种联系是在语言的演化过程中建立起来的。你可以这样定义 mathematical game 或 recreational mathematics（趣味数学），即说它是任何含有一种很强的 play（玩耍）因素的数学，但这几乎什么也没说，因为 play、recreation（消遣）和 game 大致上是同义词。到头来，你不得不借助于这样的油嘴滑舌：把诗定义为诗人所写的东西，把爵士乐定义为爵士乐手们所演奏的东西。趣味数学是趣味数学家觉得很有趣味的那种数学。

虽然我不能把数学游戏定义得比我对诗的定义更像样一些，但是我坚持

----

① T·S·艾略特（Thomas Stearns Eliot, 1888—1965），出生于美国的英国诗人、剧作家、文学评论家，1948年获诺贝尔文学奖。——译者注

② 维特根斯坦（Ludwig Wittgenstein, 1889—1951），出生于奥地利的英国哲学家、逻辑学家，语言哲学的奠基人。——译者注

认为,不管数学游戏是什么,它是初等数学教学中攫住年轻人兴趣的最佳方法。一道巧妙的数学趣题、一个诡异的数学悖论、一手精彩的数学戏法,能迅速激发一个孩子的想象力,比一个实际应用(特别是当这个应用与这个孩子的生活经验相距甚远时)要迅速得多。而且,如果这个"游戏"挑选得当,那么它可以几乎不费吹灰之力地引导孩子们走向一些重要的数学概念。

不光孩子,就是大人,也会迷上一道根本预见不到什么实际应用的趣题,而且数学史上也充满了专业数学家以及业余爱好者对这种趣题进行研究而导致意外结果的例子。贝尔①在他的《数学:科学的皇后和仆人》(*Mathematics: Queen and Servant of Science*)一书中谈到了关于纽结分类和枚举的早期工作,说这种曾经看来只不过是玩玩智力游戏的事,后来却发展成了拓扑学的一个繁荣兴旺的分支:

因此,纽结问题不仅仅是智力趣题。类似的情况在数学中屡屡出现,部分原因在于数学家有时候颇为执拗地把严肃的问题改述为似乎不起眼的智力趣题,而这些趣题与那些他们希望解决但未能解决的难题从抽象的角度看完全是一回事。这个低劣的鬼花招诱骗了一些胆小的门外汉,他们本来可能会被这些趣题的真实面貌吓跑的,而不少被骗进的业余爱好者为数学作出了重要的贡献,却对他们所做事情的价值毫无察觉。一个例子就是常在数学娱乐书籍中提到的柯克曼十五女生问题②。

① 贝尔(Eric Temple Bell,1883—1960),出生于苏格兰的美国数学家、科学普及作家、小说家。——译者注

② 柯克曼(Thomas Penyngton Kirkman,1806—1895),英国数学家。柯克曼十五女生问题是他于1850年提出的一个趣味数学问题:15名女生,3人一组,出去散步,连续7天,那么是不是有一种分组方案(每天一种分法),使得在这7天中,任意两名女生都能同组一次且仅一次?找出这样一个方案并不难,难的是这个问题所引出的许多问题,它们成了当今组合数学中区组设计领域的主流问题。——译者注

　　有些数学趣题确实平淡无奇,也没有什么发展空间。然而上述两种类型的趣题有其共同的东西,对于这一点,没有谁能比著名数学家乌拉姆[1]在他的自传《一位数学家的经历》(*Adventures of a Mathematician*)中表达得更好了:

　　尽管数学有其壮观的远景,有其审美,有其对新生事物的洞察力,但数学也有一种容易使人上瘾的特性。这个特性不太明显,或者不太有益于健康。或许这类似于某些化学药物的作用。最小的趣题,一看就知道平庸肤浅或老一套的,也能起到这种使人上瘾的作用。你只要着手去解这种趣题,你可能就被套住了。我想起当初《数学月刊》(*Mathematical Monthly*)[2]偶然发表了由一位法国几何学家投寄的一些题目,它们是关于圆、直线、三角形在平面上的平凡分布的[3]。"Belanglos[4]",正像德国人常说的那样。但是,一旦你开始考虑怎样去解决它们,这些图形就会把你套住,即使你始终明白,无论怎样的一个解答,都几乎不可能导致更为刺激或更为广泛的论题。这与我所说的关于费马定理[5]的历史

---

　　① 乌拉姆(Stanislaw Marcin Ulam,1909—1984),出生于奥匈帝国伦贝格(后称利沃夫,曾属波兰,现属乌克兰)的美国数学家。曾参加美国试制原子弹的曼哈顿计划,主要以设计了一类以概率统计理论为指导的数值计算方法——蒙特卡罗法而闻名。——译者注

　　② 当指《美国数学月刊》(*American Mathematical Monthly*)。——译者注

　　③ 几何对象在平面上呈平凡分布(或称简单分布、一般分布),是指这些几何对象间的相对位置不符合一些常见的特殊要求。如任何三点不共线,任何四点不共圆;任何两条直线不平行,任何三条直线不共点。对于在平面上呈平凡分布的几何对象,会有一些有趣的结论。如:设平面上有呈平凡分布的点 $2n + 3$ 个,则其中必有 3 个点,使得过这 3 点的圆把其余 $2n$ 个点的一半包围在圆内,另一半排斥在圆外。——译者注

　　④ 德语,没有重要性的或无关紧要的。——译者注

　　⑤ 指费马大定理,由法国数学家费马(Pierre de Fermat,1601—1665)于1637年提出。它说:当 n 为大于2的正整数时,关于 x、y、z 的方程 $x^n + y^n = z^n$ 没有正整数解。由于费马声称他已证明了这个结论,故称之"定理";加个"大"字,以区别于另一个"费马小定理"。但是费马的证明一直没人见到,而后人也长期未能另外予以证明。直到1994年,英国数学家怀尔斯(Andrew Wiles,1953—　　)运用现代数学多个领域的成果,给出了费马大定理的一个证明。现在人们一般认为,费马当初的证明很可能是搞错了。——译者注

截然相反。费马定理导致了大量代数学新概念的产生。区别或许在于,小题目通过适度的努力就可以解决,而费马定理仍然悬而未决,它是一个持久不息的挑战。不过,数学的这两类宝贝玩意儿,对于那些想要成为数学家的人——他们存在于数学的各个层次,从数学的细枝末节到比较令人振奋的层面——都有一种强烈的成瘾性。

马丁·加德纳

1979年3月

第 1 章

光 学 错 觉

光学错觉——图片、物体或事件,当它们被感知时,不是它们该表现的样子——在艺术、数学、心理学,甚至哲学等领域起了并且仍在起着重要的作用。古希腊人把帕特农神庙①的廊柱稍加变形,使人们从地面上看上去是笔直的。文艺复兴时代的壁画家们常常把大型壁画加以变形,使人们从下面看上去时画面显得比例正常。数学家对光学错觉感兴趣,是因为它们大多与透视学(射影几何的一个分支)以及几何的其他方面有关。心理学家们研究光学错觉,是想搞清楚人脑是如何解析通过感觉而获得的数据的。直接实在论各学派的哲学家们,认为我们感知外在于我们心智的客观对象,却有着解释感知中的错误怎么会产生的问题。

不太严肃地说,光学错觉只是普普通通的好玩而已。人们乐于被光学错觉所愚弄,其理由与被魔术师欺骗而得到欢愉的理由并没有什么不一样。错觉提醒我们,浩瀚的外部世界并不总是它给我们看到的那样。在本章中,我们将集中讨论几个光学错觉,它们并不十分著名,但数学味道强烈。

人脑解析视觉数据的过程非常复杂和难于理解,所以一点儿也不奇怪心

---

① 古希腊雅典娜女神的神庙,兴建于公元前5世纪。神庙坐西向东,由46根多立克柱环绕,长边每边17根,短边每边8根。在多立克柱的排列中,古希腊人已经使用了视觉校正技术,就是这里所说的"稍加变形"。——译者注

理学家在解释哪怕最简单的错觉上也意见极不一致。一个最古老的例子是,太阳、月亮和星星位于地平线附近时看起来会大些。哈佛大学已故的博林①写了多篇文章,争辩说月亮错觉主要是由人们眼睛上抬造成的。考夫曼(Lloyd Kaufman)和罗克(Irvin Rock)在1962年7月的《科学美国人》杂志上发表了一篇题为《月亮错觉》的文章,提出了一种不同的观点,这种观点要追溯到托勒玫②。而雷斯特勒(Frank Restle)在1970年2月20日的《科学》(Science)杂志上发表了一篇文章,对他们的"视距离"理论提出了挑战。

如今的态度是,把大部分视错觉看作大脑在其记忆中搜寻格雷戈里(Richard L. Gregory)所谓的"最佳投注"(best bet)时发生在其中的现象:根据大脑中储存的经验最好地解释了视觉数据的解析。这种观点为最近的一些发现所支持——许多动物,包括鸟类和鱼类,有着可以用此种观点解释的错觉;也被对与我们有着显著不同文化的人群的研究所支持。例如,祖鲁人③生活在几乎到处都是圆形的世界中,他们的小屋和门都是圆形的,他们沿着曲线耕田犁地,直线和直角极其少见,而"正方形"一词在他们的语言中根本不存在。就像厄普代克(John Updike)在他的诗作《祖鲁人生活在没有一个正方形的土地上》的第二节所描述的那样:

---

① 博林(Edwin G. Boring, 1886—1968),美国心理学家。早期从事实验心理学研究,后期从事心理学史的研究。月亮错觉是他最著名的研究之一。博林和他的合作者认为月亮错觉的成因是,当月亮升到头顶位置时人们的眼睛要向上观看,所以要比它在地平线上人们平视时看到的小一些。——译者注

② 托勒玫(Ptolemy, 90—168),古希腊数学家、天文学家、地理学家。以他的地心说闻名于世,至今还常被提及。他在《天文学大成》中对月亮错觉作了理论解释,认为它是由大气的折射造成的。后来他在《光学》中又作了修改,认为是视距离造成的。这就是考夫曼和罗克提出的理论的出处。——译者注

③ 非洲的一个民族,主要居住于南非,是现在南非人口最多的种族。——译者注

祖鲁人，不能笑时皱皱眉，

保持弧线在眼前。

若问去镇路几许，

答曰："恰如蝴蝶舞翩跹。"

最近的几项研究已经表明，对于祖鲁人来说，涉及平行线和转角的光学错觉是难以感知的，虽然这些错觉在技术上先进的社会的直角世界中是司空见惯的。哲学家洛克（John Locke）和贝克莱（George Berkeley）两人都思考过这样的问题：一个先天的盲人突然获得了视力，能不能不用触摸就确定出两个物体哪一个是立方体哪一个是球。洛克和贝克莱认为不能。格雷戈里在《眼睛和大脑》（*Eye and Brain*）一书中总结了这方面的最新研究，虽然这些研究没有得到令人信服的结论，但它们看来都支持了上面两位哲学家，为大多数光学错觉起因于大脑对输入数据的错误解析这种现代观点再次提供了证据。

光学错觉的一个有趣新发展是发现了"不可能图形"：图形中的物体不可能存在。由于不能理解它们，大脑陷入了一种奇怪的迷惑状态。（不可能图形与某些不可判定的语句相类似，如"我这句话本身是假话"或"如果你能，就不要错过它"。）最为熟知的不可能图形是非常有名的三叉的（或二叉的?)魔鬼叉子（如图1.1）。魔鬼叉子1964年首先在工程师等人群中流传。1965年3月

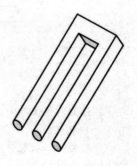

图1.1　魔鬼叉子①

---

① 此图由译者提供。——译者注

《疯狂》①(Mad)杂志的封面刊登了一张缺齿嘻笑(有四只眼睛)的纽曼②的图片,魔鬼叉子在他的食指上平衡地放着。海沃德(Roger Heyward)在1968年12月出版的《蠕虫跑步者文摘》③(The Worm Runner's Digest)杂志上发表了一篇题为《魔鬼叉子:研究和进展》的文章,给出了一些魔鬼叉子的变种,如图1.2。

图1.2　海沃德的"不可能存在的"纪念碑

---

① 这是时代华纳公司出版的一本杂志,专门恶搞电影、小说、电玩、卡通等,1952年创办。——译者注

② 纽曼(Alfred E. Neuman)是一个脸上长有雀斑、掉了一颗牙齿的小男孩,经常被用作封面人物。——译者注

③ 这本杂志是生物学家麦康奈尔(James V. McConnel)于1959年创建的,主要刊登讽刺文章和科学论文。麦康奈尔解释说,杂志的名字是从心理学而来。1966年改名为《生物心理学杂志》(Journal of Biological Psychology)。——译者注

人们熟知的另一个不可能图形是正方形楼梯，人可以沿着这种楼梯永无休止地爬上爬下，但位置不会升高或降低。这种图形可以在埃舍尔[①]1960年的石版画《上升与下降》(*Ascending and Descending*)以及他1961年的描绘一个瀑布在驱动着一台永动机的石版画中看到(参见拙著《幻星、萌芽游戏及心算奇才》[②]115页)。这种神秘的视错觉图是英国遗传学家L·S·彭罗斯及其儿子、数学物理学家罗杰·彭罗斯[③]设计的，首先发表在《不可能存在的对

图1.3 《上升与下降》[④]

象：视错觉的一个特殊类型》中，该文刊登在《不列颠心理学杂志》(*The British Journal of Psychology*)1958年2月号第31—33页上。

同样是这两位作者，在他们为《新科学家》(*The New Scientist*)所作的关于原创"圣诞节智力趣题"的汇总(发表在该刊1958年12月25日号第1580—1581页)中，用到了这个正方形楼梯。如图1.4，设从地面上A处走到台阶B的上面需要爬3个台阶，那么怎样才能从A到达C而至多只向上爬10个台阶呢？这

---

① 埃舍尔(Maurits C. Escher, 1898—1972)，荷兰版画家。以平面镶嵌画和不可能图形闻名于世。他的不可能图形的代表作有《相对性》(*Relativity*)、《瀑布》(*Waterfall*)、《不可能的木框》(*Impossible Crate*)等。——译者注

② 该书原名为 Mathematical Carnival，中译本2017年由上海科技教育出版社出版。——译者注

③ 罗杰·彭罗斯(Roger Penrose, 1931—)，英国数学物理学家，对广义相对论与宇宙学特别是黑洞理论有杰出贡献。——译者注

④ 此图由译者提供。——译者注

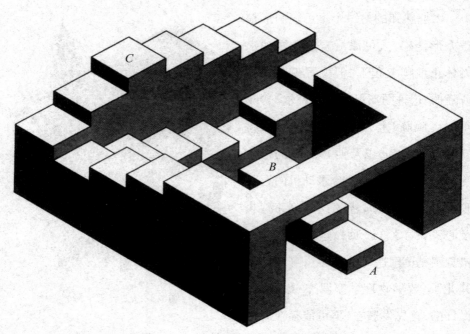

图1.4　基于彭罗斯楼梯的智力趣题

道题可以有解决办法仅仅是因为这个结构本身是不可能存在的。

第三类人们熟悉的不可能存在的对象是一个立方体框架,它在埃舍尔的另一幅石版画中由一个坐着的人拿着。这幅石版画可以在拙著《幻星、萌芽游戏及心算奇才》第114页上看到。1966年6月《科学美国人》的"读者来信"栏目中复制了一幅这种不可能立方体(Freemish Crate)的照片,但这幅图是在照片上做了手脚而得到的。不过,有一种方法可以构造一个实际的模型,它可以产生不可能立方体的实景照片。希泽(William G. Hyzer)在1970年1月出版的《工业照相方法》(*Photo Methods for Industry*)中对此作了解释。图1.5为希泽的模型。如果把这个模型转一下并斜过来,使得人们用一只眼睛看上去那两个缺口与这框架后面的两条边分别恰好重合,那么大脑就会认为这两条后面的边是在前面的,从而产生一幅这种不可能立方体的心理图像。

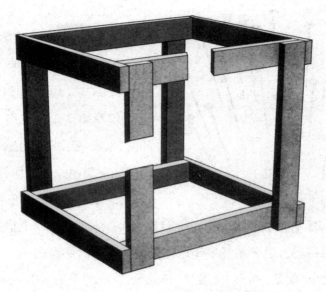

图1.5　不可能立方体的可能模型

我们有着两只眼睛这件事，使得许多稀奇古怪的错觉成为可能。把你的两个食指在眼前平放，指尖相互接触。越过手指注视远处的一堵墙壁，然后把指尖稍微分开。你将会看到，两手指间有着一根"漂浮着的热狗"。这当然是由于每个指尖被不同的眼睛看着，使得两个指尖在视觉中被搭接起来而造成的。另一个古老的双目视错觉是把一个圆筒（如用一张纸卷成的纸筒）像望远镜那样放在你的右眼上而产生的。左手掌心朝向自己，右侧靠在圆筒上。如果你保持双眼睁开，看着远处的物体，同时沿着圆筒前后移动你的左手，你会发现在你左手掌心中央有一个圆孔，你似乎正在通过这个圆孔看着某一个地方。

在某些情况下，单眼视觉会给出一个在深度上的错觉。用一只眼睛通过一个圆筒观看一张照片会产生一个微小的三维效应。图1.6所示为最明显的单目视错觉之一。把页面向后倾斜直到几乎平放。如果你一只眼睛睁着，从此页下边缘附近看这幅图，眼睛的位置尽量靠近所有钉子向下延伸会相交于此的那

9

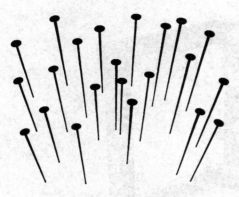

图 1.6　直立的钉子

一点的上方,那么不一会儿这些钉子都好像站立了起来。詹姆斯(William James)在他著名的《心理学原理》(*Principles of Psychology*)一书的第2卷第19章给这个错觉作了一个精彩的解释,又说了关于对感知的现代认识的如下简明总结:"换言之,我们看到的,总是最可能的对象。"

1922年,普尔弗里奇(Karl Pulfrich)首先在一本德国期刊上描述了一种令人惊异的双目错觉,这种错觉后来以这位发现者的名字命名——普尔弗里奇摆。此摆很简单,就是一根1—4英尺①长的线,在线的一头系上一个小物件。叫某个人拿住线的另一端,让摆锤在与你视线垂直的平面里来回摆动。站在房间的另一侧,用太阳眼镜的一块镜片挡在一只眼睛前,双眼保持张开,观察摆动着的摆锤。将注意力放在摆动路径的中心处,而不是跟随摆锤左右移动。此时你将看到,摆锤竟然沿一椭圆轨道②摆动!把深色镜片移到另一只眼前,摆锤也在同一椭圆轨道上摆动,只是方向相反。这一深度错觉是如此之强烈,以至如果有一个大的物体放置在摆锤路径的后方,摆锤看起来就像一个幽灵那样在穿过这个物体。

格雷戈里对普尔弗里奇错觉作了解释,认为这是由于被深色镜片挡住的那只眼睛向大脑输送信息的速度要比未被挡住的那只慢。这种时间上的延迟,强迫大脑把摆锤的运动解析为在它的摆平面前后交替出现。

用深色镜片挡住一只眼睛或让一只眼睛通过卡片上的针孔观看电视图像

---

① 1英尺 = 0.3048米
② 这一椭圆轨道所在的平面是水平的。——译者注

时,也会体验同样的深度错觉。当图像上的某种东西在水平移动时,它看起来就像在屏幕的前面或后面移动。正是这种错觉促使几家公司在1966年刊登广告宣称制成了一种特殊的眼镜。根据广告的说法,这种眼镜能使人们观看的平面电视图像成为三维图像。这种眼镜的价格昂贵,事实上它们是廉价的太阳眼镜,只不过一块塑料镜片是透明的,另一块是深色的。

心理学的格式塔学派①对人们熟知的错觉类别作过许多分析,涉及有着两种等概率或近似等概率的解析的图像。大脑来回犹豫着,不能确定"最佳投注"。由一些立方体组成的一个图案,突然逆转,于是立方体的个数改变了,这或许是最为著名的例子。近年来,我们在观看月球环形山的照片时发现,很难不把它们看成平顶山,这让我们很烦恼,特别是把图片转动一下,使得太阳光从下方以一个很少有过的照射角度来照亮这些环形山时。

一只黑色花瓶,其轮廓可被看成两张脸的侧影,这是又一个在图形认识上发生心理犹豫的错觉,这种错觉经常产生。出人意料的是,它出现在加拿大的新国旗上,而这面新国旗是在1965年经过了下议院长达数月的争辩才正式采用的。如图1.7所示,把注意力放在枫叶顶部以黑色为背景的白色上,你会看到两个男人(分别是自由党和保守党?)的侧影,他们前额顶在一起,相互咆哮(一个用英语,一个用法语?)。一旦你看出了这些面孔,那就不难理

图1.7　加拿大国旗和两个愤怒的男人

① 心理学的重要流派之一,1912年在德国创立。格式塔(Gestalt)的德文原义为"模式、形状、形式"等,意思是指"动态的整体"。格式塔学派主张人脑的运作原理是整体的,整体不同于部分的总和。格式塔心理学又被称为完形心理学。在此基础上,后来又结合了物理学中的场论,发展出了拓扑心理学。——译者注

解图1.8中的这些奇形怪状的多边形了。

图1.8　格式塔智力趣题:黑色形状代表什么?

内克尔立方体——以瑞士人内克尔(L. A. Necker)的名字命名,他在1830年代曾描述过它——是另一个被研究得较多的、当你注视它时会逆转的图形。彭罗斯父子,在前面我们已经提到过的"圣诞节智力趣题"中,有一个聪明的想法,即把一只甲虫添到这个"立方体"上,这里用一只长方形盒子代替,如图1.9所示。甲虫看起来在盒子的外边。凝视此盒的后角,并把它想象成是离你最近的角。这个盒子会突然地反转过来,甲虫变成在盒子里面的底面上了。

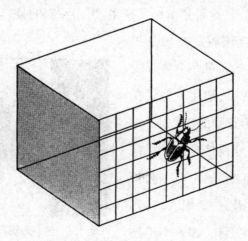

图1.9　将甲虫放在盒子里面

有一个令人意外的错觉,或许与米勒—利耶尔错觉(两根长度相等的线段,由于线段两端的箭头方向不同,看起来长度会不同)有关,它可以用三枚硬

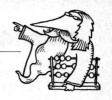

币来演示。如图1.10所示,将硬币排成一行,要求某人把中间的那枚硬币向下移动,移到使得距离 CD 等于 AB 的地方。几乎没有一个人会把硬币移到应该那么远的地方。事实上,除非你量一下这些线段的长度,你很难相信图上给出的是正确位置。这个小把戏也可用更大的硬币、圆形的茶杯垫子、水杯以及其他类似的东西来演示。

图1.11显示了"幽灵硬币"错觉,魔术师比心理学家更为了解这种错觉。用你的两个食指指尖夹住两枚硬币,并迅速地前后来回摩擦它们。你会发现手指间多出了一枚幽灵硬币——但是为什么它只出现在两枚硬币的后端而不是前端?

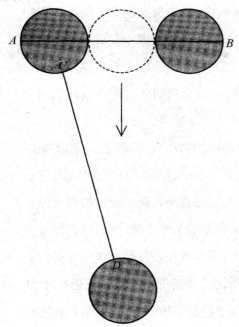

图1.10 等距错觉

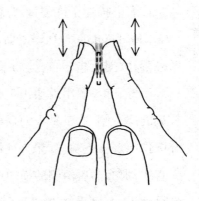

图1.11 "幽灵硬币"

13

答　案

如图 1.4 所示,从 A 出发,向上爬 10 个台阶就到达彭罗斯楼梯的顶 C 是这样做到的:向上爬 4 个台阶,向右转,再向上爬 3 个台阶,然后沿着 U 形平台转回来,下 3 个台阶,再向上爬 3 个台阶就到顶了。

我从未在出版物中看到关于幽灵硬币错觉的解释,但是有那么多读者寄给我一个令人信服的解释,我对它的正确性毫不怀疑。当两枚硬币以这种方式前后来回摩擦时,手指的角度造成了硬币在它们向前方向上的位置分离,产生了完全分开的图像。相反,手指的 V 字形那一侧的轻微横向运动引起了硬币在向后方向上的位置合并和交叠。结果,分离的前位图像是模糊的,而交叠的后位图像彼此加强而产生了一个独立的、较清晰的图像。

读者们描述了许多肯定这个理论的简单方法。例如,伦德奎斯特(Marjorie Lundquist)和诺里斯(S. H. Norris)提出了如下的实验。把手掌外翻,大拇指指向自己。如果两枚硬币被夹在两大拇指指尖之间并一起摩擦,幽灵硬币就会出现在大拇指的 V 字形那一侧,即离你身体较远的那一侧。这正是人们预期的,因为现在来自轻微横向运动的重叠图像出现在远端。如果夹住硬币的大拇指形成的形状不是 V,而是一直线,那么前后两侧的横向运动被弄得相等了,所以你会看到两枚幽灵硬币。当硬币被夹在两食指的指尖之间,但不是前后摩擦、而是垂直的上下摩擦时,也会有同样的对称双幽灵硬币形成。

另一个对此理论的有力肯定是由如下操作得来的,这是我自己

发现的。迅速地前后来回摩擦你的食指指尖,而不用将硬币夹在指尖之间。前面的分离和后面的交叠是很明显的。你会看到在V的中间出现了一个幽灵指尖,指甲的边缘恰好就在其中心的下方。

幽灵硬币错觉还能用来作为一种魔术。先将一枚硬币藏在右手的手掌之中,然后向某位观众借两枚相似的硬币,把它们拿在右手大拇指和食指指尖之间。迅速地来回摩擦这两枚硬币,以产生一枚幽灵硬币,此时要握紧手掌不让藏着的硬币被看到。幽灵硬币出现后,把手握成拳头,然后展开让观众看到幽灵硬币变成了第三枚实体硬币。

第 ② 章

火柴游戏

纸质或木质火柴有两个性质,使它们跻身于数学娱乐之列:它们可以用作"筹码",它们还是单位长度线段的简便模型。使用火柴的数学游戏浩如烟海。在本章中,我们来考虑几个有代表性的使用火柴的戏法、游戏和趣题。

魔术师熟知一个老戏法叫"钢琴戏法"(由观众的手的放置方式而获此名),它可以神奇地改变奇偶性。请一位观众把他的手放在桌子上,手心向下。在两只手每一对相邻手指的夹缝里插入两根纸质火柴,除了其中一只手的无名指和小指之间,那里只插入一根火柴,如图2.1所示。逐次取出一对对火柴,每取出一对火柴,就把它们在桌子上分开放置,在这位观众的每一只手前面各

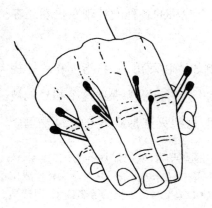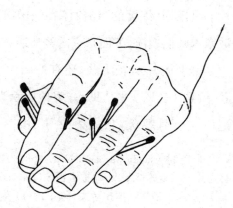

图2.1 "钢琴戏法"

放一根。每这样做一次,你都要说:"两根火柴。"如此进行下去,结果在每一只手的前面形成了一小堆火柴,直到只剩下那根单独的火柴。从观众的手中取出这根火柴,把它举到空中,并说:"我们这里有两堆火柴,每一堆都是用一对对火柴形成的。我应该把这根单独剩下的火柴放到哪一堆里呢?"然后,把它放入被(台下观众)指定的那一堆里。

现在,指着你放入这根火柴的那一堆,并说:"这一堆多了一根额外的火柴。"又指着另一堆说:"这里还有一堆是用一对对火柴形成的。"在这两堆火柴上挥挥手,并宣称你已经把那根多余的火柴隐身地转移到另一堆中去了。为了证明的确如此,我们来"数"一下放入那根单独火柴的那一堆的火柴数,方法是把火柴一对一对地移到一边。"数"加了引号,是因为实际上你不是数它们,而只是重复地每次移动"两根"火柴到一边去。结果这一堆只包含成对的火柴,而没有额外的单根火柴余下。依同样的方法"数"另一堆,结果是移出了最后一对后,还剩一根单根的火柴。用令人信服的说词,这个花招会使大多数人迷惑不解。实际上,它是自行有效的,读者只要试一下就会明白为什么。

有一个戏法可以追溯到中世纪,并可在第一本由趣味数学素材汇编而成的书籍《有趣而令人愉快的问题》(*Problems Plaisans et Delectables*)中找到,这本书是巴谢①编著的,1612年在法国出版。这个戏法的各种变种现在仍然还在被魔术师们表演,下面是它的经典版本。

桌上放着24根火柴,还有3个小物件,例如一枚硬币、一只指环和一把钥匙。挑选3名观众来协助,并将他们编为1、2、3号。(你说)为保证这个编号能被记住,给1号观众1根火柴,2号2根,3号3根。这些火柴是从桌上的24根里取

---

① 巴谢(Claude Gaspar Bachet,1581—1638),法国数学家,数学智力测验书籍作家,被誉为此类书籍的奠基人。他把丢番图(Diophantus)的《算术》(*Arithmetica*)从希腊文翻译成拉丁文,费马就是在这本拉丁文译本的第11卷第8命题的边上写下了他的著名猜想,即费马大定理。——译者注

的,因此桌上还剩18根。要求这3名观众都把火柴放在自己的口袋中。

你转过身去,从而看不到将发生的事情。叫1号观众在3个物件中任取一件放入自己的口袋中,2号观众在剩下的两件中任取一件,3号观众把最后一件收入口袋中。现在,叫取硬币的那个人从桌上拿走与你原来给他的火柴一样多的火柴,并紧握在手中。(由于仍然背着身子,你无法知道此人是谁。)叫拿指环的那个人从桌上拿走你原来给他的火柴数目2倍的火柴,并把它们紧握在手中。叫拿钥匙的那个人从桌上拿走你原来给他的火柴数目4倍的火柴,也把它们紧握在手中。

现在,你转过身来,装腔作势地进行几分钟认真的思考后,便告诉每一位他究竟拿了什么物件。线索就是留在桌上的火柴的数目。在3名观众口袋里放3个物件有6种可能的排列,每一种排列将在桌子上留下不同数目的火柴。如果用S、M和L分别表示小的、中的和大的物件,那么图2.2显示了对应于每一个可能的所剩火柴数目的各个排列。(注意:不可能有4根火柴留下。如果你看到有4根留在桌子上,一定有人出错了,此游戏必须重新开始。)

所剩火柴数目	观众1	观众2	观众3
1	S	M	L
2	M	S	L
3	S	L	M
5	M	L	S
6	L	S	M
7	L	M	S

图2.2 三物件戏法的解密钥匙

已经设计出了许多帮助记忆的句子,以使表演者能够迅速确定3个物件的分布。巴谢用前三个元音字母a、e、i来标记物件,并使用一个法文句子:

（1）Par fer（2）Cé sar（3）jadis（5）devint（6）si grand（7）prince。[①]每个单词或语组中的两个元音字母提供了所需的信息。例如，魔术师看到桌子上有5根火柴，那么第5个词"devint"就告诉他物件e是第一位观众（魔术师最初给了他一根火柴）拿的，物件i是第二位观众（有两根火柴）拿的；剩下的物件一定在剩下的第3位观众的口袋里，他在游戏一开始被给了3根火柴。17世纪的另一些魔术师们，也用前三个元音字母标记3个物件，并用一个拉丁语句子 *Salve certa animae semita vita quies*[②] 中每个词的头两个元音字母来记住6种排列方式。

　　对于以上由S、M和L标记物件的方式，一个业余魔术师魏格勒（Oscar Weigle）发明了一个非常好的帮助记忆的英文句子：（1）*Sam*（2）*moves*（3）*slowly* [（4）since]（5）*mule*（6）*lost*（7）*limb*[③]。每个单词中出现的S、M或L这三个关键字母，其前两个由黑斜体字表示，它们给出了第一位观众和第二位观众分别所拿的物件，所剩的第3个物件则与第3位观众相匹配。还有许多用英语和其他语言发表的供此戏法用的帮助记忆的句子。读者可以发明一套自己的方式，从中感受乐趣。也可以用其他字母来表示这些物件，如A、B、C或L、M、H（轻、中、重），或者用所用物件名称的首字母缩写来表示，等等。加进没有用的第四个词（就像在魏格勒的句子中那样，用方括号括了起来）是有方便之处的，尽管剩下4根火柴是不可能的。这样能使表演者快速地数火柴，方法是复读句子中的单词，这样在火柴数大于3时，就不用担心会跳过数字4。从1893年开始，这种游戏推广到 n 个观众和 n 个物件并使用一个以 n 为基数的数系。鲍

---

　　① Par fer César jadis devint si grand prince 这个法语句子的意思是：凯撒曾经通过武力成了如此伟大的君主。——译者注

　　② 这个拉丁语句子的大意是：你好，这是可靠的灵魂之路，生活并安息吧！——译者注

　　③ 此句意为"山姆（Sam）移动（moves）缓慢（slowly），[因为（since）]骡子（mule）缺了（lost）一条腿（limb）"。——译者注

尔(W. W. Rouse Ball)在《数学消遣和随笔》(*Mathematical Recreations and Essays*,1960年修订版第30页)一书中给出了这一有趣的推广。

　　某种初等数论和一种新的具有20根纸质火柴的火柴纸夹促成了一种新颖的读心术特技。你背对观众,要求某位观众从一个完整的火柴纸夹上撕下从1到10之间的任意数目的火柴,放入口袋中。然后,让他数一数剩下的火柴数目,把此数的十位数和个位数相加,再从火柴纸夹上撕下与这样相加得出的和相同数目的火柴。(例如,若剩下16根火柴,就将1和6相加,然后撕下7根火柴。)再将这些火柴放入口袋中。最后,要这位观众再撕下几根火柴——想撕多少就撕多少——把它们紧握在手心中。你转过身来,从这位观众那里取回火柴纸夹,当你把火柴纸夹放入你的口袋时,默数一下剩下的火柴数目。现在你可以告诉他,他手心中的火柴数是多少。头两个操作总是在火柴纸夹上剩下9根火柴。(你能够证明一定是这种情况吗?)因此,你只要从9里面减去仍然留在火柴纸夹上的火柴数,就可知道藏在他手心中的火柴数目了。

　　各种各样的取物游戏,例如尼姆游戏①,都可以用火柴来玩,还有许多打赌游戏,其中火柴被用作筹码并隐藏于握紧的手心中。下面的游戏是一个纸质火柴特别适用的游戏,这是因为这种火柴的形状以及可以有各种不同颜色火柴头的火柴这个事实。这个游戏是一位计算机数学家尼弗格尔特②新近发明的,他称此游戏为"击和跑"(Hit-and-Run)。如图2.3所示,游戏通常是在一个四阶方阵上玩的。

---

　　① 尼姆游戏英文名为nim,是一种两个人玩的回合制数学策略游戏。它的一个典型形式是:有3堆石子,两人轮流从中取石子,随便取多少,但每次只能在一堆石子中取,石子全部取完时,最后一次是谁取的谁赢。——译者注
　　② 尼弗格尔特(Jurg Nievergelt),瑞士苏黎世联邦理工学院计算机科学教授。——译者注

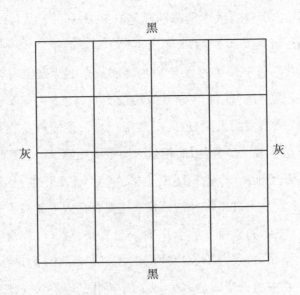

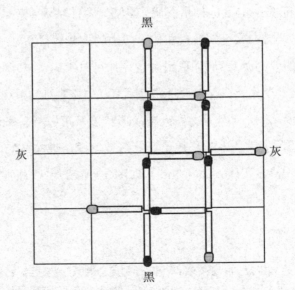

图2.3 "击和跑"游戏棋盘(上)和一个已完成的游戏(下)

一位游戏者一开始拿一个装满黑头火柴的火柴纸夹，另一位则拿一个装满灰头火柴的火柴纸夹。巧合的是，这40根火柴刚好够用。游戏者轮流把一根火柴放在方阵的线段上。黑头火柴用来构成一条路径，这条路径要连接方阵的两条黑色的边，而灰头火柴则用来构成一条连接方阵另两条边的路径。(不同的路径可以彼此垂直交叉。)第一个构成自己路径的游戏者为胜者。这个游戏叫击和跑，是因为走一步既可以阻塞对方的路径(击)，同时又可延伸自己的路径(跑)。

这个游戏与海因的纳什棋[①]及其后来的变种——如Bridg-it和通桥棋[②]看起来相似，但是它们背后的数学结构却是相当不同的。如同在井字游戏中那样，有一个简单的证明，可以证明在击和跑游戏中，如果两位游戏者都很理智地出招，那么这游戏要么是先手赢要么是平局。假设后手有一个必胜策略，那么先手可以剽窃这个策略，方式是开局时先随便走一步，然后就执行这个必胜策略。这随便走的一步只能是有利的，决不能是臭招。如果必胜策略后来要求走这随便走的一步，那么由于这一步已经走过了，因此就再随便地走另外一步。这样，先手就能赢。由于这与最初的假设矛盾，所以后手没有必胜策略。结果是，先手要么赢要么与对方打成平局，尽管这个证明没有提供关于他必须遵循的这个策略的任何信息。

对于一个二阶方阵上的击和跑游戏，很容易看出先手一定是赢家，如图

---

① 英文名为Hex，是在六边形格子的棋盘上玩的棋盘游戏(broad game)，是一种与博弈论有关的数学游戏。最初在丹麦数学家海因(Piet Hein, 1905—1996)1942年在报纸上发表的一篇文章中出现。1948年，普林斯顿大学研究生纳什(John Nash)独立地重新发明，因此被称为纳什棋。参见上海科技教育出版社出版的2012年《悖论与谬误》第8章。——译者注

② Bridg-it亦称香农开关游戏(Shannon switching game)，通桥棋即Twixt。前者是美国应用数学家、信息论奠基人香农(Clande Shannon, 1916—2001)发明的，后者是兰多尔夫(Alexander Randolph, 1922—2004)于1957年推出的游戏。两者都是双人玩的抽象策略游戏。——译者注

2.4左所示。黑方第一步走B1,迫使灰方走G1。黑方走B2,他只要在标作B3的两个线段中的一个上再走一步,就可以完成连通的路径,而灰方无法阻止黑方在下一步获胜。以一种类似的方式,先手可以第一步在垂直方向的六个线段的任何一个上放火柴而取胜。

如图2.4右所示,读者可以试着证明,在三阶方阵上,如果先手(黑方)的第一步在标作B1的任何一个线段上放火柴,那么他总能赢得这个游戏。尼弗格尔特穷尽所有的可能性而得到了一个这样的证明,由于此证明冗长乏味,就不在此给出了。据我所知,对于四阶方阵或任何更高阶方阵的击和跑游戏,人们现在还不知道,是先手必定赢还是结果一定是平局,如果双方都以最佳策略玩的话。

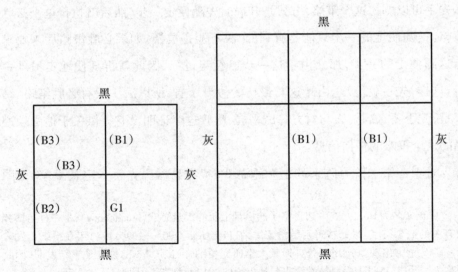

图2.4　二阶(左)和三阶(右)方阵的棋盘上的先手必胜法

1971年,西尔弗曼(David L. Silverman)在他的《由你做主》(*Your Move*)一

书中描述了一种可以用黑头火柴和灰头火柴玩的游戏——连线游戏（Connecto）。两位游戏者交替把火柴放置在一个任意大小的方阵上，不过现在的目标是要用自己的火柴抢先围成一个封闭的区域。如图2.5所示，黑方已经赢得这一局。你能发现西尔弗曼的简单策略吗？用此策略后手总能阻止先手获胜，即使是在一个无穷的矩阵上。

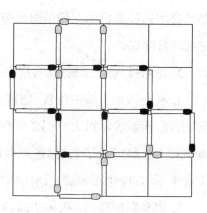

图2.5　一个已完成的连线游戏

最后，在此给出7个有趣的火柴趣题，如图2.6所示：

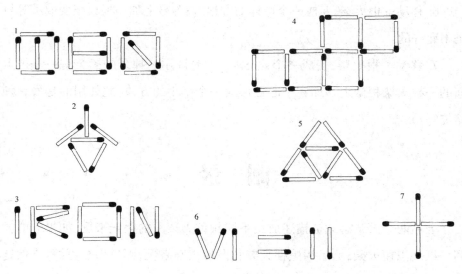

图2.6　火柴趣题

1. 移去6根火柴，留下一个英文单词ten。

2. 这6根火柴形成了一幅地图，此地图必须用三种颜色填充，才能使任何两个共有一边界线的区域不会有相同的颜色。重新排列这6根火柴，形成一幅必须要用四种颜色填充的平面地图。只限于平面地图,以把形成一个四面体的三维解排除在外。

3. 重新排列这12根火柴,拼出一种用以造成matches的东西。

4. 改变两根火柴的位置,把正方形的数目从5减少为4。不允许有"尾巴火柴"出现,即要求每根火柴都必须是正方形的边。这一经典游戏的有趣之处是,即使有人已经解出了它,你还可以用镜像对称或上下对称(或两者都取)的方法重建图形,构建新的游戏,解决它们的难度与前一个相当。

5. 容易看出移去4根火柴而留下两个等边三角形,或者移去3根火柴而留下两个等边三角形,但是只移去两根火柴,还能留下两个等边三角形吗?不能留有"尾巴火柴"。

6. 移动一根火柴,变成一个像样的方程。在等号上加一根火柴变成不等号是不允许的。

7. 移动一根火柴,变成一个square。(不允许用老掉牙的搞笑解——把上面的一根火柴稍微上移而在中心处形成一个小小的方块。此处用的是另一种搞笑解。)

附　录

上述两个火柴游戏被描述成用不同颜色火柴头的火柴来玩。如果你能找到一纸夹黑梗火柴,然后用黑梗火柴和白梗火柴来玩,则效果会更好。当然这两个游戏也可以在纸上玩,在纸上画出一个点阵,然后用两种不同颜色的线把点连起来。

尼弗格尔特指出,西尔弗曼关于在连线游戏中后手赢的证明,不适用于在其他规则网格上玩的游戏。例如,在一个三角形点阵上先手至多在第7步就能

完成一个单位三角形,从而获胜。

尼弗格尔特发现,连线游戏在其他各种各样的网格上玩很具有挑战性,而且他很想知道,如果这个游戏在一个立方体点阵上玩,那么谁有着必胜策略。"如果有人能发现具有一种图论性质的条件,还是不能对正则图、无穷图就先手能强行完成一个回路的问题进行分类,"他写道,"那会是很有趣的。"

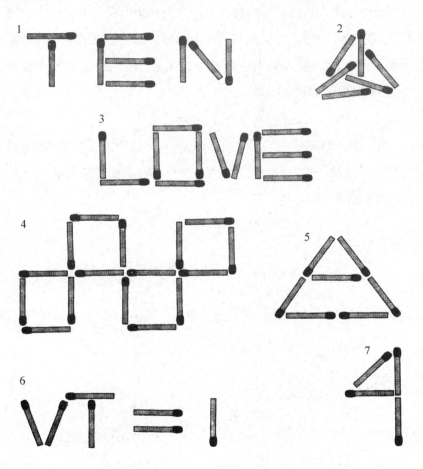

图2.7 火柴趣题解法

29

对于西尔弗曼的难题,只要注意到任何一个赢得连线游戏的游戏者显然必须在自己区域的边界上用两根火柴形成一个字母L,就可解答。在任意大小的棋盘上,后手要阻止先手取胜,只需阻止他的对手形成这个L即可。如果先手走了一个可能生成L的一竖,后手就走一横。如果先手形成了一个可能生成L的水平部分,后手就形成其垂直部分。这样可以保证后手至少得个平手。

那7个火柴趣题的答案如图2.7所示①。有几位读者发现了第6题的另一个解法:把左边的VI改成XI,这个罗马数字等于等式另一边的阿拉伯数字11。

---

① 其中第3题用了match(火柴)的另一个意思"婚姻"。而第7题用了squre(正方形)的另一个意思"平方数"。——译者注

第 3 章

球面和超球面

"妈咪，妈咪，为什么我老是在转圈？"

"闭嘴，否则我把你的另一只脚也钉在地板上。"

——儿童黑色幽默
约1955年

圆 周是平面上与一个固定点有一给定距离的点的轨迹。让我们把这一定义推广到任意维的欧几里得空间,把 n 维空间中与一个固定点有一给定距离的点的轨迹称为广义 n 维球面①。在一维空间(直线)中,一维球面由位于一中心点两侧的与此中心点有一给定距离的两个点组成。二维球面是圆周,三维球面就是通常所称的球面。在这后面还有四、五、六……维的超球面。

想象有一根单位长度的杆,它的一端连在一个固定点上。如果这根杆只能在平面上转动,它的自由端将描绘出一个单位圆周。如果允许此杆在三维空间中转动,则其自由端将描绘出一个单位球面。现在假设空间有一个与其他三个坐标均成直角的第四个坐标而且这根杆可以在四维空间里转动,则其自由端将会生成一个四维球面。超球面是不可能看到的;然而通过把解析几何简单地扩展到三个坐标以上,就可以研究它们的性质了。圆周的笛卡儿方程是 $a^2+b^2=r^2$,此处 r 是半径。球面方程是 $a^2+b^2+c^2=r^2$。四维球面的方程是 $a^2+b^2+c^2+d^2=r^2$,以此类推,在欧几里得超空间的阶梯上不断攀爬。

一个 n 维球的"表面"是 $n-1$ 维的。一个圆的"表面"是一根一维的线,球的

---

① 请注意,n 维球面是一个要有至少 n 维的空间才能放得下的几何对象,但它本身是 $n-1$ 维的。如一维球面是两个点,零维的;二维球面是圆周,一条封闭的曲线,二维的;等等。在数学中,圆和圆周,球和球面,是需要严格区分的,但本章中,作者常用 circle 同时表示圆和圆周,用 sphere 同时表示球和球面。故在翻译时,根据上下文作了区别。——译者注

表面是二维的,四维球的表面是三维的。三维空间有可能其实是一个巨大的四维球的超级表面吗?诸如引力和电磁力这样的力能被这样的一个超级表面的振动发射出来吗?19世纪晚期,许多数学家和物理学家,包括离经叛道的和正统的,都认真地对待这些设想。爱因斯坦自己就提议把一个四维球的表面作为这个宇宙的一个模型,一个无界而有限的宇宙模型。就像在一个球面上的平面人[①]一样,他们可以在任何方向上沿着一条尽可能最直的线旅行而最终会回到他们的出发点,所以(爱因斯坦设想),如果一艘宇宙飞船离开地球,沿任何一个方向飞行得足够远,那么它终将会返回地球。如果一个平面人在他所生活的球面上开始涂抹颜色,并一圈一圈地向外扩展开来,涂沫的圆圈越来越大,那么他会到达一个半程点,此后圆周将会缩小,他则被围在其中,最终他会把自己逼到一个点上并涂上颜色。类似地,在爱因斯坦的宇宙中,如果地球宇航员开始在不断扩张着的球面中绘制这个宇宙,那他们最终会把自己绘进这个超球面另一边的一个小小的球形空间中。

超球面的其他许多性质恰恰就是人们通过类比低维球面所预期的那样。圆周绕一个中心点旋转,球面绕一条中心线旋转,四维球面则绕一个中心平面旋转。一般来说,一个 n 维球面的旋转轴是一个 $n-2$ 维空间。(不过,四维球面能有一个特别的、在二维或三维空间中没有类比的双重旋转:它能同时绕相互垂直的两个固定平面旋转。)圆周投影在直线上是一线段,但是此线段上的每一点,除它的两个端点外,都对应圆周上的两个点。把球面投影到平面上得到的是一个圆盘,其内部的每一点都对应球面上的两个点。把四维球面投影到我们的三维空间中,你将得到一个实心球,球的每一内点都对应四维球面上的两个点。这也可随着空间维数的增加继续推广。

这对截面同样正确。用一根线切割一个圆周,截面是一维球面,即两个点。

---

① 平面人(Flatlander)是假设的生活在二维世界的二维人。——译者注

用一个面切割一个球面,截面是一个圆周。用三维超平面切割四维球面,截面是一个三维球面。(你不能用一个二维平面把一个四维球面分成两部分。一个高维苹果被一个二维平面从中间切开后仍然是一个整体。)设想一个四维球面缓慢地通过它慢慢变大,直到最大截面,我们的空间。我们首先看到的是一点,然后是一个小小的球面,再后来是慢慢变小,直到消失。

一个用足够柔软的材料制成的任何维球面,都能通过高一维的空间把它的内侧面翻到外面来。就像我们能够搓捻一个细细的橡皮圈使其外缘成为里侧那样,一个高维生物,能够在其空间中把一只网球的内侧面翻到外面来。他可以一下子完成,或者在此球的某一点开始,先翻出一小部分,然后逐渐地扩大,直到把整个球的内侧面翻出来。

在那些很容易推广到任意维球面的公式中,最为优美的公式之一,是关于达到最大相切个数的 n 维球面的半径的公式。在平面上,每一个圆都与其他圆相切且各对相切的圆的切点不同的圆的个数不超过4。这一情况有两种可能(除去退化情况,这时有一个圆的半径为无限大从而成了一条直线):3个圆环绕一个小圆(图3.1左所示)或者3个圆在一个大圆中(图3.1右所示)。1936年,因发现同位素而荣获1921年诺贝尔化学奖的英国化学家索迪[①]发表在《自然》杂志(Vol. 137,1936年6月20日,第1021页)上的诗作《精确之吻》(*The Kiss Precise*)的第一节中是这样描写的:

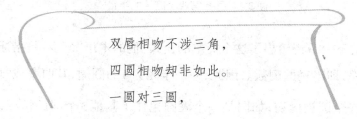

双唇相吻不涉三角,

四圆相吻却非如此。

一圆对三圆,

[①] 索迪(Frederick Soddy,1877—1956),英国化学家,后来转而研究经济学,是可持续发展经济学的先驱之一。——译者注

必是一圆被围三圆中，

抑或三圆同处一圆中。

一圆被围三圆中，

一圆必被三圆从外吻。

三圆同处一圆中，

一圆必被三圆从内吻。

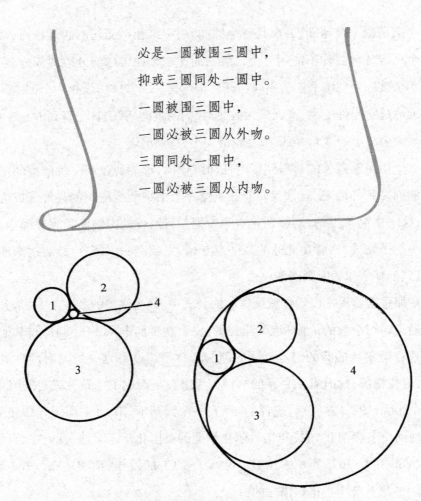

图3.1 寻找第四个圆周的半径

索迪的下一节诗给出了这个简单的公式。他的术语"弯度"是指通常所称的圆周曲率，即半径的倒数。（因此，一个半径为4的圆周，其曲率或"弯度"为$\frac{1}{4}$。）如果一个圆被内切，如同是一个大圆包住了其他3个圆的情况，就说它有一个"凹弯度"，要在它的数值前面加上一个负号。

相切四圆,愈小愈弯曲,

全因弯度是半径的倒数。

虽然复杂几使欧氏呆,

目下仍然无需经验律。

零弯度即一笔直的,

凹弯度则需加负号。

四个弯度的平方和,

等于它们和之平方的一半。

令 a、b、c、d 为上述的 4 个弯度,索迪的公式为 $2\left(a^2+b^2+c^2+d^2\right) = (a+b+c+d)^2$。读者应该不难计算上面两幅图中的第四个圆的半径[①]。在这首诗的第三节和最后一节中,这个公式被推广到 5 个球面相切的情况:

为了刺探球面的情报,

一位接吻测量员

可能发觉这个任务很费劲。

球面的情况更加丰富,

除了成双作对,

还有第五个球面分享亲吻。

---

① 假设前三个圆的半径分别为 1、2、3。——译者注

负号和零弯度依旧如前，

对于每一与其他四个亲吻者。

所有五个弯度之和的平方，

就是它们平方和的三倍。

《自然》杂志的编辑在 1937 年 1 月 9 日的那一期（Vol. 139,第 62 页）报道说,他们已经收到好几个把索迪公式推广到 n 维空间的第四节诗,但他们只发表了由英国大律师①和业余数学家戈塞特(Thorold Gosset)所写的这一首:

不要将我们的注意局限于

简单的圆周、平面和球面,

要提升到高维平坦和高维弯度,

那里多重亲吻会呈现。

在 n 维空间中,亲吻的一对对都是超球面,

$n+2$ 个亲吻者,每个都是 $n+1$ 重之亲吻。

所有弯度之和的平方,

就是它们平方和的 n 倍。

---

① 大律师(barrister)亦称讼务律师。根据英国普通法制度,律师分两类:讼务律师和事务律师。只有讼务律师才能在上诉法庭上进行辩护或诉讼。——译者注

在此简单的诗句中,对于 n 维空间,相切球面的最大个数是 $n+2$,所有弯度平方和的 n 倍等于所有弯度之和的平方。后来发现,这个关于 4 个相切圆的公式早已为笛卡儿所知晓,但是索迪重新发现了这个公式,而且似乎是第一个将此公式推广到球面。

注意,这个一般公式甚至可以用于一维空间中的三个相切的"球面"(每个"球面其实只是两个点"):两根相接的线段在第三根线段的"内部",第三根线段就是另两线段之和。这个公式对于消遣数学家们来说是一个福利。有关相切圆或球的趣题用它很容易解决。这里有一个很好的问题。三个相切的球状西柚,每个半径 3 英寸,被放置在平坦的柜台上。一个球状的橙子也放在这个放西柚柜台上,且与每一个西柚都相切。此橙子的半径是多少?

关于单位球的堆垛问题,并不能容易地沿着维数阶梯向上推广;事实上,它们的难度不断递增。例如,考虑能与一个单位球相切的单位球的最大个数是多少的问题。对于圆,这个数是 6(见图 3.2)。对于球,是 12,但这一点直到 1874 年才被证明。其困难在于这样的事实:当 12 个球围绕第十三个球排布,且排布方式是它们的球心分别置于一个想象中的二十面体的顶点时(见图 3.3),每一

图 3.2　与第七个圆相切的 6 个圆

对球之间都有空隙。浪费掉的空间略微大于再容纳一个球所需的空间,假使能把这 12 个球移来移去并适当放置从而腾出这样大小的一个空间的话。如果读者将橡胶胶水涂在 14 只乒乓球上,他将发现很容易把 12 个球围绕着另一只粘上,但他完全不清楚能否添上第十三只球而不发生不应该的形变。一个等价的问题(读者能知道为什么吗?)是:有 13 张圆纸片,每一张都恰好能覆盖一个球

图3.3　与第十三个球相切的12个球

面上一个大圆的一段60度弧,能否把它们全粘贴在该球面上且互不重叠?

考克斯特[1]在《一个球面上安放一些大小相同、互不重叠的圆的问题》一文中所讲的故事,可能是关于13个球问题的第一次有记录的讨论,该文发表在《纽约科学院院刊》(*Transactions of the New York Academy of Sciences*)第24卷1962年1月号第320—331页。其中说,牛津大学的天文学家、牛顿的朋友格雷戈里(David Gregory)在他1694年的笔记中,记录了他和牛顿关于这个问题的争论。他们一直在讨论各种大小的星星是如何在天空中分布的,这就涉及一个单位球能不能与另外的13个这样的球相切的问题。格雷戈里相信是能够

① 考克斯特(H. S. M. Coxster, 1907—2003),加拿大数学家,被认为是20世纪最优秀的几何学家之一,主要研究高维几何。他的几何图形研究启发了埃舍尔的创作,对美国建筑师富勒(富勒烯就是以他的姓命名的)的球形圆顶设计也有启发作用。——译者注

的,而牛顿不这样认为。正如考克斯特所写:"又过了180年,霍普(R. Hoppe)证明了牛顿是正确的。"此后一直有简化的证明发表,最近的是由英国数学家利奇(John Leech)在1956年发表的。

在四维空间中,有多少个单位超球面可与一个单位超球面相切?还不清楚答案是不是24、25或26。同样,对任何的更高维空间也不知道。对于四维到八维的空间,仅当这些球面的中心构成一个规则点阵时的尽可能紧密的放置方式已经得知。这些放置方式给出了能与同一个单位球面相切的单位球面的个数下界:24、40、72、126和240。如果不限于规则点阵的放置方式,对这个数目的上界的猜测是26、48、85、146和244。对于高于八维的空间,甚至连最紧密的规则点阵放置方式都不知道。根据利奇和斯隆(N. J. A. Sloane)在1970年所说的非点阵放置方式,在九维空间中,306个大小相等的球与另一个相等的球相切是可能的,而十维空间中是500个可以与另一个相切。(上界分别是401和648。)

为什么九维空间要困难些?涉及超立方体和超球面的一些悖论可能会就发生在九维空间中的怪异结果提供些许线索。在一个单位正方形内,从一个顶角沿对角线到对面的顶角可以放一条长度为 $\sqrt{2}$ 的线段。在一个单位立方体内,类似地可放入一长度为 $\sqrt{3}$ 的线段。在一个 n 维的单位立方体内,相对的两个顶角之间的距离是 $\sqrt{n}$;因为平方根的增加是没有极限的,所以一根任意尺寸的杆可以放入单位 n 维立方体内,只要 n 足够大。一根10英尺长的钓鱼竿,正好可以沿对角线放入一个100维的边长一英尺的立方体内。一个立方体可以容纳一个比它的正方形面还要大的正方形。一个四维正方体可以容纳一个比它的立方体超面大的三维立方体。一个五维立方体可以容纳比任何边长与它相同的低维立方体更大的正方形和立方体。一头大象或整幢帝国大厦,可以很容易地装入边长与一块方糖相同的 n 维立方体中去,只要 n 足够大。

对于 n 维球,情况大不相同。不管 n 变得多大,一个 n 维超球,永远不能装进一根比它半径两倍还长的杆。当 n 增大时,它的 n 维体积会出现非常古怪的变化。单位圆的面积当然是 π。单位球的体积是 4.1+。单位四维球的超体积是 4.9+。在五维空间中,体积还要大,为 5.2+。然而在六维空间中体积减小到 5.1+,此后就一直在减小。事实上,当 n 趋向无限大时,一个 n 维球的超体积趋向零!这导致许多不同寻常的结果。辛马斯特[①]在《方孔中的圆桩和圆孔中的方桩》中写道,方孔中的圆桩要比圆孔中的方桩更为适配,这是因为一个圆与它的外接正方形的面积比 ($\frac{\pi}{4}$) 要比一个正方形与它的外接圆的面积比 ($\frac{2}{\pi}$) 大。这篇文章发表在《数学杂志》(*Mathematics Magazine*) 第 37 卷 1964 年 11 月第 335—337 页。类似地,可以证明一个球在一个立方体内要比一个立方体在一个球内更为适配,虽然比率之差要稍微小一些。辛马斯特发现,此比率持续减小,直到八维空间然后开始增加:在九维空间中,n 维球与 n 维立方体的比率要比 n 维立方体与 n 维球的比率小。换言之,当 n 等于或小于 8 时,一个 n 维球在一个 n 维立方体内要比一个 n 维立方体在一个 n 维球内更为适配。

图 3.4　四个圆绕一个半径为 $\sqrt{2}-1$ 的圆

同样在九维空间出现反转情况的,是在莫泽[②]发现的一个未曾发表的悖论中。如图 3.4 所示,4 个单位圆放在边长为 4 的正方形中,在 4 个圆的当中可以塞进一个半径为 $\sqrt{2}-1$ 的小圆。同样,8 个单位球也可以放入边长为 4 的一个立方体,在这 8 个球的当中可以

① 辛马斯特(David Singmaster, 1939—　　),英国数学家。他解决了魔方问题,并发明了魔方转动的记录方法。——译者注

② 莫泽(Leo Moser, 1921—1970),加拿大数学家,以扩展了一种表示某些极其大的数的符号——多边形符号闻名。——译者注

放入的最大的球的半径是 $\sqrt{3}-1$。显然可以推广为：在一个边长为4的四维立方体中，我们可以放入16个四维球，而在这些四维球的当中，球的半径为 $\sqrt{4}-1$，即等于1，所以现在当中的球与其他的球一样大小。一般来讲，在一个边长为4的 n 维立方体的各顶角处可以放入 2^n 个 n 维单位球，并大概能把另一个半径为 $\sqrt{n}-1$ 的球放入这些单位球当中。不过，看看九维空间的情况吧：当中的球的半径为 $\sqrt{9}-1=2$，也就是这个超立方体边长的一半。在任何更高维的 n 维立方体中，当中的球不能比这更大了，因为它现在几乎塞满了这个超立方体，已与每一个超表面在其中心相切，而在 $2^9=512$ 个顶角空间里还要放入512个九维单位球！

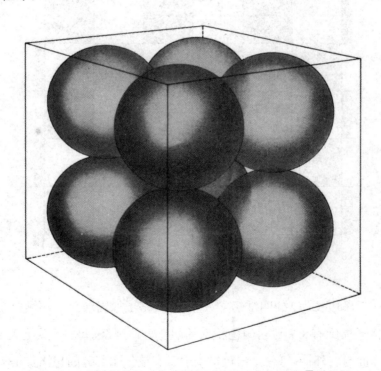

图3.5　8个单位球留下的空间可以容纳一个半径为 $\sqrt{3}-1$ 的球

有一个未曾发表的、与此有关的关于 n 维棋盘格子的悖论,也是莫泽发现的。如图3.6所示,把棋盘上的所有黑格子都由其外接圆包围。假设每一格的边长为2,面积为4。每个圆的半径为 $\sqrt{2}$,面积为 2π。每个白格子中未被圆包围部分的面积为 $8-2\pi = 1.71+$。立方棋盘的情况与此类似,用球面来包围边长为2 的黑色立方格子。每个黑色立方格子的体积为8,而每个球的半径为 $\sqrt{3}$,体积为 $4\pi\sqrt{3}$,但是白色立方体没有被球包围部分的体积是不容易算出的,因为它周围的6个球面彼此相交。

图3.6 莫泽的超棋盘格子问题

现在考虑边长为2的四维超立方点阵,其格子如同前面一样黑白交替,使得每一格子周围有8个与它颜色相反的超立方体环绕。每一个黑色超格子有一个超球面与它外接。每一个白色格子中没有被包围部分的超体积是多少?不需要超球的体积公式就能很快得到这个惊人的答案。

　　第一个问题是确定两个圆的大小,它们每一个都与3个彼此相切的圆相切,这3个圆的半径分别为1、2和3个单位。使用本章的公式,

$$2\left(1+\frac{1}{4}+\frac{1}{9}+\frac{1}{x^2}\right)=\left(1+\frac{1}{2}+\frac{1}{3}+\frac{1}{x}\right)^2,$$

此处的x是第四个圆的半径,得出小的第四个圆半径为$\frac{6}{23}$,大的第四个圆半径为6。

　　第二个是3个半径为3英寸的西柚和一个橙子都放在柜台上,并彼此相切的问题。问橙子的大小是多少?可将放置它们的平面看作一个半径无限大的、与其他4个球都相切的第五个球面。因为它的曲率为零,在关于5个相切球面的半径倒数的公式中,它就退出了。令x为橙子的半径,写下方程式

$$3\left(\frac{1}{3^2}+\frac{1}{3^2}+\frac{1}{3^2}+\frac{1}{x^2}\right)=\left(\frac{1}{3}+\frac{1}{3}+\frac{1}{3}+\frac{1}{x}\right)^2,$$

得出x的值为一英寸。

　　当然这个问题,可以用其他方法来求解。它在1952年11月的《π-μ-ε 杂志》(*Pi Mu Epsilon Journal*)上作为问题43而发表。班科夫(Leon Bankoff)是这样解答的(设R为大球半径,r为小球半径):

　　"半径为r的小球同桌子相切于一点,这点与每个大球同桌子的切点等距。因此它位于一个等边三角形的外心,这个等边三角形的边

长为 $2R$。于是 $(R+r)$ 是一个直角三角形的斜边，此直角三角形的高为 $(R-r)$，底为 $2R\sqrt{3}/3$。所以有

$$(R+r)^2=(R-r)^2+\frac{4}{3}R^2, \quad \text{即 } r=\frac{R}{3}。"$$

莫泽关于四维空间超立方棋盘的悖论的答案是：白色格子没有任何部分没有被外接着黑色格子的超球面所围进。每一个超球面的半径是 $\sqrt{4}$，即 2。由于超立方格子的边长为 2，我们立刻看到，白色格子周围的 8 个超球面都将一路伸到白色格子的中心。这 8 个超球面相互截割，在白色单元中没有留下任何未被围进的部分。

第 4 章

归纳的模式

许多游戏和娱乐与归纳稍许有点类似。归纳是一个奇怪的过程，科学家观察到某些驼鸟有长脖子，他们据归纳法就认定所有未被观察到的驼鸟都有长脖子。例如，在扑克和桥牌中，玩家利用观察到的线索来设想对方手中可能是怎样的一手牌。一位密码破译者猜测某个"模式词"，比方说BRBQFBQF，代表NONSENSE，于是把这条信息中每个字母按此来试一下，以检验这一归纳出来的猜测。有一个古老的客厅游戏，是将一把剪刀在参加者中一圈一圈地传递。每个人在传递剪刀时，要说一句话："交叉"或者"不交叉"。有几个知道其中秘密规则的人，每当一个参加者该说"交叉"而说了另一个或者相反时，就会指出他说错了，游戏继续进行，直到每个人都猜出了该规则。剪刀的刀口是转移注意力的东西，当且仅当参加者的两腿交叉时，他才应该说"交叉"。

诸如"战舰"和"乔图"①等人们熟知的游戏，与科学方法有着稍许更进一步

---

① "战舰"（Battleship）有时称作"海战"（Sea Battle），是一种儿童玩的纸笔游戏。"乔图"（Jotto）是一类客厅游戏，盛行于1950年代。其玩法是，每个人都想好一个词，供其他人依次来猜测。设定该词的人要说明此词由几个字母组成。猜测的人可以用一些词来提问设定者，以确定哪些字母在而哪些不在该词中，从而猜出这个词来。最后一个被猜出的词的设定者为胜者。——译者注

的类似性,但是第一个成熟的归纳游戏是"依洛西斯"[①],这是由罗伯特·阿博特(Robert Abbott)发明的一种纸牌游戏,我在《科学美国人》1959年6月的专栏中第一次作了解释。更为详细的完整版本参见《阿博特的新纸牌游戏》(*Abbott's New Card Games*)一书,有1963年Stain and Day公司的精装版和1969年Funk & Wagnalls公司的平装版。依洛西斯引起了许多数学家的兴趣,包括普林斯顿大学著名的克鲁斯卡尔[②],他给出了一种非常好的变化形式,并于1962年在一本私人发行的小册子《特尔斐——一种归纳推理游戏》(*Delphi——a Game of Inductive Reasoning*)中描述了它。

在依洛西斯和特尔斐中,有一个规定了一张张牌出牌顺序的秘密规则,它相当于一条自然定律。参加者试图归纳地猜测出这个规律,然后(像科学家们一样)检验自己的猜测。本章中我将解释一种名为"模式"的新归纳游戏,它由萨克森[③]设计并收在他那让人赏心悦目的《游戏大全》(*A Gamut of Games*)一书中。

"模式"是一种笔纸游戏,可供任何数目的人玩,以不超过6人为佳。虽然它与依洛西斯和特尔斐明显不同,但它和它们都与科学方法有着一种如此惊人的相似性,以至那些自从休谟指出归纳法根本没有逻辑上的合理性以来使得科学哲学家如坐针毡的许多关于归纳法的棘手问题,在游戏中有着令人愉快的模拟。

---

① 依洛西斯(Eleusis)是一座古希腊城市,该城每年都要举行秘密宗教仪式,祭祀谷物女神及冥后。因为这个游戏中要制定秘密规则,所以借用依洛西斯来命名该游戏。具体游戏规则可参见上海科技教育出版社2012年出版的《迷宫与幻方》。——译者注

② 克鲁斯卡尔(Martin D. Kruskal, 1925—2006),美国数学家、物理学家。以在黑洞理论中建立了以他名字命名的克鲁斯卡尔坐标而著名。——译者注

③ 萨克森(Sidney Sackson, 1920—2002),美国一位多产的桌面游戏设计者。《游戏大全》中有他的"模式"和"模式II"两种游戏。他还著有《世界纸牌游戏》(*Card Games Around the World*)一书。——译者注

每个参加者在一张纸上画一个6行6列的方格。一个被叫做设计者的参加者(该角色在新的每一局游戏中要转给另一个参加者)秘密用4种不同的记号填满他所画出的36个格子。图4.1显示了萨克森建议使用的4种记号,不过其他的任何四种记号都能用。设计者可以被认作是大自然、宇宙或神,他可以随心所欲地用记号填写格子;被填了记号的格子可以形成一种或强或弱的有序模式,或者一种部分有序的模式,甚至根本没有模式。然而(萨克森在此采用了阿博特聪明绝顶的原创思想),计分方法迫使设计者要创造一种模式,或者说一种自然规律,它对于至少一名参加者来说很容易被发现,而对于至少一名其他参加者来说足够困难而不能被发现。

图4.1　萨克森归纳游戏中的模式,都显示出对称的形式

萨克森在书中给出的4种典型模式,大致按难度递增顺序排列(图4.1)。所有模式都具有某种类型的视觉对称性,但是如果参加者是数学老手的话,也可采用非对称形式的排序。例如,一个设计者可以按照从左到右、从上到下的顺序将格子排成序列,当格子的序数为素数时填上加号,而在其他所有格子内填上星号。对"主模式"进行排序的依据与设计者对其他参加者能力的估计紧密相关,因为正如我们将要看到的那样,当一个参加者玩得非常好而另一个参加者非常蹩脚时,设计者就赢得了他的最高分。如图4.2所示,读者能够识别出其中非对称排序的简单依据吗?

图4.2 该模式是怎样排序的?

设计者把他的那页纸面朝下放在桌上。现在,每一个参加者都可以在他自己网格的任何一个格子的左下方画上一根斜线,表明他询问有关这个格子的信息。参加者将纸面朝下地递给设计者,设计者必须把正确的记号填到每一个被询问信息的格子里。这里没有轮次。参加者可以随时询问有关格子信息,他询问信息的格子个数不限。每一次询问代表对大自然的一次观察——或一次实验,这就是一种进行特殊观察的控制法;设计者填好的格子就相当于这种观

察的结果。一位参加者可以询问所有36个格子的信息，于是立即得到整个模式，但是这对他并不有利，因为他的得分将为零。

一个参加者当相信他已经猜到了"主模式"时，就在他所有未曾询问信息的格子里画出记号。为了容易识别这些归纳的结果，被猜出来的记号放在圆括号中。如果一个参加者断定他不能猜出此模式了，他可以退出游戏而得零分。有时候这是有好处的，因为这可使他避免得到负分，同时因为这样也可以使设计者遭受一点惩罚。

在所有参加者填满了所有36个格子或退出了游戏后，设计者就将他的"主模式"翻过来，使之面向上。每个参加者对照"主模式"来检查他所猜测的结果：每猜对一个记号得+1分，猜错一个得−1分，其和就是他的最终得分。如果参加者只询问很少几个格子的信息，却猜出了整个或大部分模式，他的得分将会很高。如果他猜错的比猜对的多，他的得分将是负的。得分高的是杰出的(有时候是幸运的)科学家；得分低的是平庸的、冲动的(有时候是不走运的)科学家，这些科学家急于发表未经很好证实的理论。退出者是那些平庸的或前怕狼后怕虎的科学家，他们完全不愿冒风险提出任何猜测。

设计者的得分是最高得分和最低得分之差的两倍。如果有退出者，设计者则要被扣分，有一个退出者扣5分，有二个及以上的则各扣10分。萨克森给出的游戏例子如下(D为设计者而A、B、C为参加者)：

如果A的得分为18，B的得分为15，C的得分为14，则D的得分为8，即18与14之差的两倍。

如果A的得分为18，B的得分为15，C的得分为−2，则D的得分为40，即18与−2之差的两倍。

如果A的得分为12，B的得分为7，C因退出而得分为0，则D的得分为19，即12与0之差的两倍24分，因有一人退出而被扣去5分。

如果A的得分为12,B和C退出,则D的得分为9,即12与0之差的两倍24分,第一人退出而被扣去5分,第二人退出扣10分。

如果所有三人都退出,则D的得分为-25。即他的基本得分为0,由于三人退出共被扣25分。

如图4.3所示,一局萨克森玩的实际游戏提示了一名优秀参加者应该怎样推理。左图中最开始的5个询问意在发现对称性的证据,中图的5个格子中记录了询问后的结果,接下来的一系列询问带来了更多的信息,如右图所示。看来此模式是对称的,其对称轴是从左上角到右下角的对角线。因为没有星形记号出现,所以萨克森归纳判断此模式中没有星形记号。

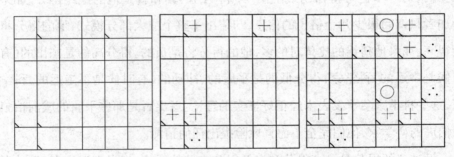

图4.3 探测"主模式"的三个步骤

现在到了关键性的时刻,下面这一步骤几乎无法理解,因为那是直觉上的预感,或者灵光闪现的猜测。这一步骤象征着一位见多识广且富于创造性的科学家设定了一个假设。萨克森猜测左上角的格子内是一个圈,它外围的3个格子是3个加号,沿着对角线继续下去,加号外围的格子全是三点记号。此模式是在一道比一道更大的边界上以同样的顺序轮流使用同样的三种记号。为了尽可能少用新的询问来检验这个猜测,萨克森仅询问了两个格子的信息,这两个格子是图4.3右图的两个只划有斜线的空格。

如果这些格子不含圆圈,萨克森的猜测就错了。如同哲学家波普尔①主张的那样,"最强的"猜测是最容易被证伪的猜测,波普尔认为这等价于"最简单的"猜测。在萨克森的游戏中,最强的(和最简单的)猜测是每个格子都含有同样的记号,比方说星形记号。它是最强的,是因为只要对任何一个格子进行一次询问,得到的回答不是星形而是随便什么别的记号,它就被证伪了。最弱的猜测是每个格子含有这4个记号之一,这样的假设是能够被完全确证的。然而,没有一个询问能证伪它,所以它是一个真实而无用的假设;它毫无经验内容,因为它根本没有告诉我们关于"主模式"的任何信息。

结果,两个圆圈记号出现在萨克森期望出现的地方。这增加了萨克森关于他具有的所有有关证据的假设的"确证度"——这个概念是哲学家卡尔纳普②提出的。萨克森决定采用归纳法冒险一试并公布他的猜测。他填了网格上的空格。当他把自己的模式与如图4.4所示的"主模式"相比时,被猜测的(圆括号

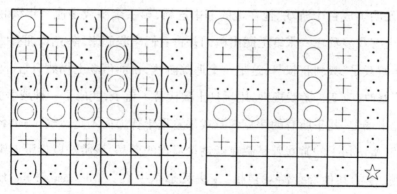

图4.4　参加者的网格(左)与"主模式"(右)的比较

① 波普尔(Karl Popper,1902—1994),出生于奥地利的英国哲学家。对归纳问题有深入研究,质疑归纳方法可作为获得知识的逻辑基础,提出了证伪主义。认为区分科学与非科学的标准是"可证伪性"而不是"可证实性";提倡以"问题—猜想—反驳"的"试错机制"代替"观察—归纳—证实"的"实证机制"。——译者注

② 卡尔纳普(Rudolf Carnap,1891—1970),美国逻辑实证主义哲学家。主要代表作有《世界的逻辑构造》等。——译者注

内)记号中,20个正确,1个错误,萨克森的得分为19。

萨克森猜错的那个星形记号是意料之外的,但这是自然界常常给我们意外的典型例子。科学是一个复杂的游戏,其中宇宙似乎有一类奇怪而又难于解释的序,人类或许能够发现这个序的一部分,但并不容易。人们对这种科学游戏的历史研究得越多,越会有宇宙正试图使它得分最大化的怪异感觉。最近的一个杰出例子是盖尔曼(Murry Gell-Mann)和内曼(Yuval Ne'eman)各自独立发现的"八重态"。这是一个由连续群的结构定义的对称模式,所有的基本粒子似乎都符合这个模式。一旦积累了足够的信息,这个模式就简单得足以让这两位物理学家认出来,但它仍然非常复杂,以至被其他人错失。

模式游戏的发明者萨克森是一个研究钢结构桥梁和大厦的专业工程师,收集、研究和发明游戏是他毕生的业余爱好。他拥有关于现代专利游戏、游戏书籍以及在世界各大图书馆和博物馆里辛勤研究所得的笔记的最大私人收藏量。他发明了成百个游戏。他在他的书中透露,第一个游戏是他一年级时发明的,这个游戏涉及在一张纸上圈出单词并将它们串联起来。萨克森拥有的第一个桌面游戏是"威利叔叔"①,这是一个追踪游戏,目前市场上仍然有售。随后他就作了修改,改变了游戏规则,用玩具士兵代替了兔子,变成了一种战争游戏。

在市场上,几乎所有的萨克森游戏都着重于智力而不是运气。一个名字叫"并购"(Acquire)的游戏曾是萨克森销量最佳的商品,该游戏以投资连锁旅店为主题。他的其他商业游戏包括"来去无形杀手案"(The Case of the Elusive Assassin,基于维恩图的一类逻辑游戏)、"跳舞聚光灯"(Focus)、"市场"(Bazaar)、"塔姆-比特"(Tam-Bit)、"取五"(Take Five)、"奇或偶"(Odd or Even)、

---

① 威利叔叔(Uncle Wiggily)原是美国儿童小说中家喻户晓的一个人物,最早出现在1910年1月10日的《纽瓦克新闻》上。威利是一只老年兔子,由于风湿性关节炎,走路一拐一拐,长年挂着一根拐杖。萨克森把它用在他的桌面游戏中,成了威利叔叔游戏。——译者注

"节拍"(Tempo)、"互动"(Interplay)，以及两种纸牌游戏"风险"(Venture)和"单元"(Monad)。

《游戏大全》是独一无二的，因为它38个游戏中的每一个对任何读者来说几乎都是陌生的。所有的游戏都可以用容易获得或制作的道具，如扑克牌、骰子、多米诺骨牌、筹码和跳棋棋盘来玩。其中22个游戏是萨克森的原创，其他几个要么是萨克森的游戏发明伙伴制作的，要么是由古老、被遗忘的游戏重生而来。当然，不会有两个读者会对每一个游戏有相同的反应。我特别喜欢那种在一张棋盘上有一个黑骑士、一个白骑士和30个小筹码的"骑士追逐"(Knight Chase)游戏。这是曾在威尼斯居住的游戏设计师兰道夫①发明的，美国市场上还有几个他发明的极佳游戏："喔哇雷"(Oh-Wah-Ree)②，"通桥棋"(Twixt)和"围船棋"(Breakthru)③。另一个在数学上吸引人的游戏是萨克森在一本1890年出版的书上发现的"木板游戏"(Plank)，这是一种用12个三色硬纸板条玩的井字游戏。

萨克森的非正式文本连同其个人的奇闻轶事和令人惊讶的史料片段一起散布各处。在阅读他的书之前，我还不知道"克里比奇牌戏"(Cribbage)④是17

---

① 兰道夫(Alexander Landolph, 1922—2004)，美国桌面游戏设计师。1961年到日本成为一名专业游戏开发人员，1962年受邀到美国与萨克森一起为3M公司建立一个新的游戏部门，1968年移居威尼斯，继续他的专业游戏开发事业，直至2004年去世。——译者注

② "喔哇雷"是1962年兰道夫设计的一种桌面游戏，是非洲宝石棋(Mancala)的一个变种，可由2或4人玩。在非洲以及全世界流行甚广，是世界上最古老的益智游戏之一。——译者注

③ "通桥棋"和"围船棋"是两种双人棋类游戏，分别于1957年和1965年推出。——译者注

④ "克里比奇牌戏"是一种由2人、3人或4人玩的策略纸牌游戏，每人发牌6张，先满121分或61分者获胜。——译者注

世纪诗人萨克林爵士[1]发明的，"大富翁"（Monopoly）[2]是从"大地主的游戏"（The Landlord's Game）衍生出来的。前者是所有专利桌面游戏中最为成功的一个，1904年被马吉（Lizzie J. Magie）家族的一个成员申请了专利并打算用来教授乔治[3]的单一税理论。

萨克森提醒我们，市场上的桌面游戏倾向于反映当代的重大事件和兴趣。虽然他没有提到，但这方面有一个铁一般硬的例子，即"金钱游戏"（The Money Game），这是由安吉尔爵士（Sir Norman Angell）发明的一种纸牌游戏，他获得了1933年的诺贝尔和平奖。这种股票市场投机买卖游戏使用特制的纸牌和微型金钱，与一本204页的、由达顿（E. P. Dutton）发行的说明书包装在一起，还有在书封上由李普曼[4]、杜威[5]等著名经济学家所作的吹捧之词。为什么安吉尔的"金钱游戏"如此令人入迷？因为它的出版年份是1929年。

·　·　·　·　·　附　录　·　·　·　·　·　·

阿博特已经明显地修改了他的依洛西斯游戏，使之在实际玩耍中更为激

---

① 约翰·萨克林爵士（Sir John Suckling, 1609—1642），17世纪英国的一位才华横溢的骑士诗人和剧作家。所写的诗与剧本颇受宫廷欢迎。他是一位重要的保皇党人，曾因参与营救保皇党大臣失败而流亡法国，最后客死异乡。——译者注

② "大富翁"是一种供多人玩的策略桌面游戏。参加者凭运气（掷骰子）及交易策略赢得游戏金钱，进而买地、建楼以赚取租金。英文原名意为"垄断"，因为最后只有一个胜利者，其余参加者均以破产结束。——译者注

③ 乔治（Henry George, 1839—1897），美国19世纪末期知名的经济学家和社会活动家。主张土地公有、地租应由社会共享。他关于政治、经济和哲学等方面的理论被称作乔治主义。单一税（singletax）是他提倡的，即应按土地的自然价值设置单一的税。代表作有《进步和贫穷》。——译者注

④ 李普曼（Walter Lippmann, 1889—1974），美国著名专栏作家。——译者注

⑤ 杜威（John Dewey, 1859—1952），美国哲学家和教育家，美国实用主义哲学的重要代表人物。——译者注

动人心。对于"新依洛西斯"的规则请参阅《科学美国人》1977年10月号上我的专栏文章。

1970年，萨克森退休，不再料理他的工程琐事，全身心地投入到发明游戏和写作中去。他的精装本《游戏大全》仍然在印刷（由Castle Books出版），他还有4种平装本在出售，《井字游戏续编》（*Beyond Tic Tac Toe*，1975）、《纸牌游戏续编》（*Beyond Solitaire*，1976）、《文字游戏续编》（*Beyond Words*，1977）和《竞争游戏续编》（*Beyond Competition*，1977），均由兰登书屋的分公司Panthoon出版。这4种书都含有可以撕下的页面，用于玩笔纸游戏。萨克森继续在战争游戏双月刊《战略和战术》（*Strategy and Tactics*）的定期专栏中评论新的游戏，并为英国杂志《游戏和趣题》（*Game and Puzzles*）和美国的新期刊《游戏》（*Games*）撰稿。

在美国，市场上有20多个萨克森原创的桌面游戏，其中最为熟知的是他的3M游戏："并购"、"市场"、"执行"（Executive）、"决定"（Decision）、"风险"、"单元"和"足迹"（Sleuth）。他的游戏"跳舞聚光灯"在我撰写的《〈科学美国人〉数学游戏第六集》（*Sixth Book of Mathematical Games from Scientific American*）第5章中有讨论。

尝试用计算机程序将归纳过程机械化仍然是当今研究的目标，也是文献数量在日益增长的一个研究课题。有几个计算机科学家用实验程序来玩萨克森的"模式"游戏，这个程序在珀塞尔（Edward Thomas Purcell）的论文《归纳游戏的一个玩耍程序》（*A Game-Playing Procedure for a Game of Induction*）中被详细讨论，这是珀塞尔1973年在加州大学洛杉矶分校的计算机科学硕士学位论文。

这个问题是萨克森归纳游戏的某个模式是如何排序的。答案:从左上角的格子开始,顺时针旋转走向中心,最初是一个记号,然后是2个记号,再后是3个记号、4个记号;然后按照同样次序,重复排上5个、6个、7个以及8个记号。

第 5 章

优美的三角形

人们可能认为普通的三角形已被古希腊的几何学家研究得如此透彻,以至于在后来几百年里,对于这种边和角最少的多边形就没有什么重要的知识可以添加上去了。事实远非如此。当然,有关三角形的定理的数目是无限的,但是到了某一临界点之后,它们就变得如此之复杂和枯燥乏味,没有人再会把它们称作是优美的了。波利亚[①]曾经把几何定理的优美度定义为"与你在其中看到的概念的数目成正比,与你要看到它们所付出的努力成反比"。最近几个世纪,人们已经发现了三角形的许多优美之处,包括美和重要性两方面,而读者不大可能从基本的平面几何课程中遇到这两方面。在本章里,我们仅考虑这些定理中的一小部分例子,重点放在与趣题有关的问题上。

乔伊斯(James Joyce)在《芬尼根守灵夜》(*Finnegans Wake*)与数学有关的那一节中说道:"首先,作个等边三角形,用以检验虚无缥缈的景象。"[②] 如图5.1所示,我们从一个任意形状的三角形 ABC 开始,以该三角形的每一条边为

---

① 波利亚(George Polya, 1887—1985),匈牙利裔美国数学家和数学教育家。研究领域包括复变函数论、数论、组合数学和概率论等,他的《怎样解题》、《数学的发现》、《数学与猜想》等影响很广。——译者注

② 这可能是指《芬尼根守灵夜》第二部第二章中,有两弟兄,一人叫另一人画一个倒三角形,结果画了一个子宫,于是大打出手。《芬尼根守灵夜》是爱尔兰著名作家乔伊斯(1882—1941)最后一部长篇小说,非常有名,常被数学家、物理学家、哲学家、文学家等引用。——译者注

底向外(左上图)或向内(右上图)画一个等边三角形。在这两种情况下,我们发现,将新的3个三角形的垂心(即三角形两条高的交点)用直线(图中的虚线)连起来,就形成了第四个等边三角形。(这个定理有时候是借助于作三个底角为30°的等腰三角形,并将它们的顶点连起来而给出的,由于这些顶点与等边三角形的垂心是一致的,所以这两个定理是完全相同的。)如果原来的三角形本身就是一个等边三角形,那么三个向内的三角形将给出一个"退化"的等边三角形,即一个点。这是一个优美的定理,即便原来的三角形退化为一条直线,它仍然成立,如图5.1下图所示。我不知道谁是思考该定理的第一人——这曾被归功于拿破仑——但最近几十年来,已经有了许多不同的证明。一个与众不

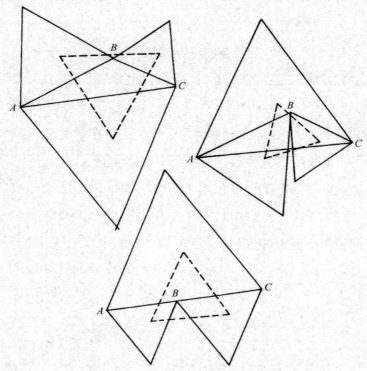

图5.1　3个等边三角形中心相连构成第四个等边三角形

同的仅用群论和对称运算的证明是俄罗斯数学家亚格洛姆①在《几何变换》

（*Geometric Transformations*）一书中给出的。

　　另一个优美的定理是著名的九点圆定理,在这个定理中有一个圆(就像前面例子中的等边三角形)似乎是凭空产生的。该定理由两位法国数学家发现,于1821年发表。如图5.2所示,在一个任意给定的三角形中,我们定出3组点,每组3个点:

　　1. 三边的中点(a,b,c)。

　　2. 三个垂足(p,q,r)。

　　3. 顶点与垂心(三条高的交点)连线的中点(x,y,z)。

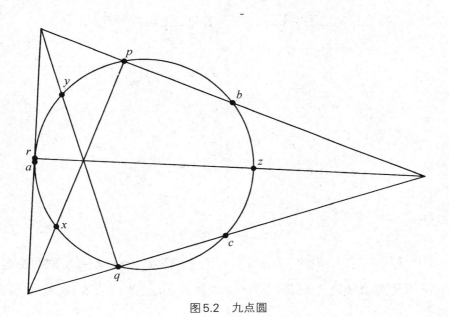

图5.2　九点圆

---

　　① 亚格洛姆(Isaac Moisevitch Yaglom, 1921—1988),苏联数学家和科普作家。曾撰写书籍40多本,《几何变换》是其中著名的一本,1962年出版。——译者注

如图5.2所示，这9个点在同一个圆周上，这是一个令人吃惊的定理，能导出其他许多定理。例如，容易证明该九点圆的半径是原三角形的外接圆半径的一半。任意三角形的三条高是共点的(交于同一点)，这一事实本身就很有趣。这在欧几里得的著作中是没有的。虽然阿基米德暗示过这一点，但似乎是5世纪的哲学家和几何学家普罗克鲁斯[1]首先对它作出准确的叙述。

连接三角形一边中点与对面顶点的三条连线叫三角形的中线，如图5.3所示。它们也总是共点的，相交于被称为三角形形心的那一点。形心将每一条中线三等分，三条中线将三角形分割成6个面积相等的小三角形。而且，形心是三角形的重心，这是阿基米德知道的另一事实。你们的高中几何老师可能这样演示过：从一块硬纸板上剪下一个不等边三角形，画出它的中线以找到形心，然后把形心放在铅笔的笔尖上，则三角形在笔尖上保持平衡。

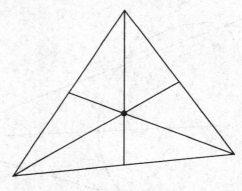

图5.3 三中线交于形心

中线是一种更为一般的"塞瓦线"(以17世纪意大利数学家塞瓦[2]的姓命名)的特殊情况。塞瓦线是三角形顶点到对边上任意点的连线。如图5.4所示，如果我

---

① 普罗克鲁斯(Proclus，412—485)，希腊数学家、哲学家，新柏拉图主义信徒，柏拉图学派的最后一位带头人。——译者注

② 塞瓦(Giovanni Ceva，1647—1734)，意大利几何学家。他发现了塞瓦定理和塞瓦线。——译者注

们不取对边的中点,而是取三等分点,塞瓦线将把此三角形分割成7个区域,每个区域的面积是原来三角形面积的 $\frac{1}{21}$ 的倍数。中心一个由阴影表示的三角形,其面积是 $\frac{3}{21}$,即 $\frac{1}{7}$ 。有许多巧妙的方法来证明这一点,以及在更一般情况下,即把三角形的每一条边n等分时的结果。如果塞瓦线如前法绘制,按顺时针方向(或逆时针方向)围绕着三角形依次将每个顶点与其对边上的第一个分点相连,则中心三角形的面积为 $\frac{(n-2)^2}{(n^2-n+1)}$ 。在一个更广的推广中,原三角形的各边可以各自改变其等分的数目,考克斯特在他的《几何导论》(*Introduction to Geometry*)一书中作过讨论。有一个可以追溯到1896年的公式,考克斯特证明将三角形嵌入一个规则的点阵就可以非常容易地得到这个公式。

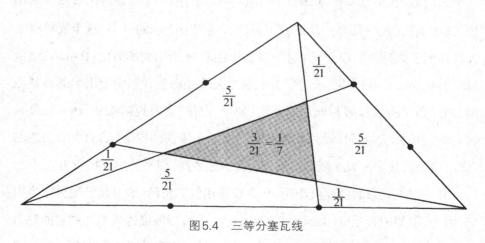

图5.4 三等分塞瓦线

每个三角形有三条边和三个角。欧几里得证明了在三种情况中,如果两个三角形的这六个要素中只要有三个相等(例如,两边及其所夹的角),那么这两三角形就全等。两个三角形,六个要素中有五个相等,它们有可能不全等吗?看来这不可能,但是有无数组这样的"五同"三角形,这里的"五同"是波利(Richard G. Pawley）所起的术语。如果三条边相等，则两个"五同"三角形全等，因而允许不全等的情况只能是两条边和三个角相等。图5.5就是一对具有整数边长的最小"五同"三角形。注意，都等于12和18的边不是对应的边。不过，这两个三角形必定是相似的，因为对应的角相等，但它们不是全等的。寻找所有这种三角形对的问题，本质上与黄金比例有关。

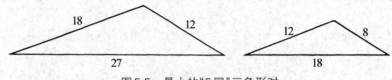

图5.5 最小的"5同"三角形对

已知关于三角形的高、中线等元素的某些事实，有许多古老的公式可以计算出它们的边、角或面积。根据公式 $\sqrt{s(s-a)(s-b)(s-c)}$ 可以得出三角形的面积，其中 a,b,c 是一任意三角形的三条边，s 是三边之和的一半。这个简单得令人惊讶的公式是生活在公元1世纪或2世纪的、亚历山大的海伦（Heron）在《度量论》（Metrica）一书中第一次证明的。这个公式是海伦在数学上出名的首要原因，用三角学可以很容易地加以证明。如今，海伦，有时也叫希罗（Hero），最为有名的是他关于希腊自动机和水力玩具的令人愉快的专著，诸如令人困惑的"海伦喷泉"，其中一股水流喷得比它的源头还要高，似乎公然反抗重力。

有一道不知来源的经典趣题，其解涉及相似三角形。这道题已变得相当出名，因为，正如记者丘奇（Dudley F. Church）十分恰当地描述的那样："它的魅力在于它的解在表面上的相似性（乍看上去），而这又迅速演变成代数上的一团乱麻。"这个问题说的是两架相互交叉而长度不等的梯子。（如果两架梯子长度相等，则此问题微不足道。）如图5.6所示，这两架梯子倚靠在两幢大楼上。已知两架梯子的长度和交叉点的高度，那么两大楼之间空地的宽度是多少？在此趣题已发表的各种版本中，三个已知值的变化幅度很大。在此，我们采用兰塞姆

（William R. Ransom）在《100个数学奇观》（*One Hundred Mathematical Curiosities*）中的一个典型例子。两梯子的长度分别为100单位（*a*）和80单位（*b*），在离地面10单位（*c*）高处交叉。考虑到相似三角形，兰塞姆得到方程，

$$k^4 - 2ck^3 + k^2(a^2 - b^2) - 2ck(a^2 - b^2) + c^2(a^2 - b^2) = 0 ,$$

在本例子中就成为

$$k^4 - 20k^3 + 3600k^2 - 72\,000k + 360\,000 = 0 。$$

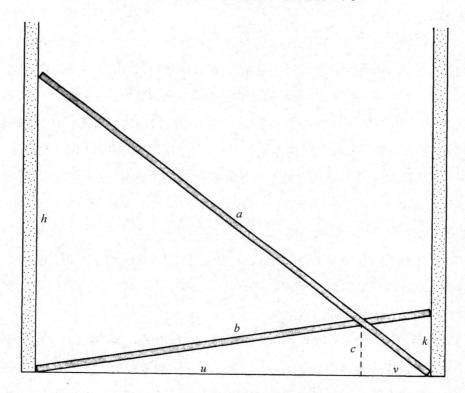

图5.6 交叉梯问题

这个令人敬畏的方程是四次的，最好是用霍纳（Horner）法或其他的逐次逼近法来解。解出 *k* 的值约为11.954，由此可得两大楼之间的宽度（*u+v*）为79.10+。另外，还有许多方法可以解此问题。

现在产生了一个难题。这个问题(假定梯子长度不等)有没有这样的形式,其中如图5.6所示的所有标有字母的线段都具有整数长度?据我所知,这个问题是由贝内特(Alfred A. Benett)于1941年首先回答。在此之后,他的方程多次被重新发现。最简单的解(交叉点离地面的高度和两大楼之间的宽度均达到最小)是两架梯子分别为119和70单位长,交叉点离地高度30单位,而两大楼之间宽度56单位。解的个数是无限多个。两梯子的顶之间的距离也是整数时,解的个数也是无限多个。

如果我们仅要求两梯子的长度、大楼之间的距离和交叉点的高度是整数,则我们可以寻找使得某些特定值最小的答案。阿泼西蒙(H. G. ApSimon)给出了最完整的分析。使两大楼间距离达到最小的解是:这个距离为40,交叉点高度38,梯子长度为58和401。当两大楼间距离为112而梯子长度为113和238时,交叉点的高度有最小值14。[这两组解在早些时候由哈里斯(John W. Harris)求得。]使长梯子长度达到最小的解是:两大楼间距离63,交叉点高度38,梯子长度为87和105。使短梯子长度达到最小的解是:两大楼间距离40,交叉点高度38,梯子长度为58和401。

阿泼西蒙还寻找了使两梯子长度之差达到最小的解。他的最优值是:两大楼间距离1540,交叉点高度272,梯子长度为1639和1628——差只有11。然而,他并不能证明这是最小值。

如果我们只知道从一点到一个三角形三个顶点的距离,那么显然这三个距离可以决定无穷多个三角形。然而,如果要求这个三角形是等边三角形,则这三个距离就能唯一确定这个三角形的边长。这个点可以在三角形的内部、外部或边上。读者们不断地给我寄来一个此种类型的古老的问题,通常是如下形式:一等边三角形内一点到此三角形三个顶点的距离分别是3、4和5个单位,此三角形的边长是多少?

答案

这个问题是要求出一个等边三角形的边长。此三角形内有一点 P，它到三角形三个顶点的距离为 3、4 和 5 个单位。下面的解取自特里格（Charles W. Trigg）在《数学快讯》（*Mathematical Quickies*）上发表的文章。图 5.7 中的虚线是这样作出的：它们使得 $\triangle PCF$ 是一个等边三角

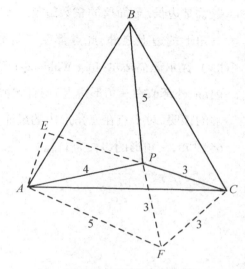

图 5.7　三距离问题的解

形，而且 AE 垂直于 PC，PC 向左延长到 E 点。$\angle PCB = 60°-\angle PCA = \angle ACF$。所以 $\triangle PCB$ 和 $\triangle FCA$ 是全等三角形，且 $AF = BP = 5$。因为 $\angle APF$ 是直角，$\angle APE = 180°-60°-90°=30°$。由此我们可以作出结论，$AE$ 是 2，EP 是 $2\sqrt{3}$。因此，原三角形一边 AC 为：

$$AC = \sqrt{2^2 + \left(3+2\sqrt{3}\right)^2}$$

$$= \sqrt{25+12\sqrt{3}},$$

其值为 6.766+。

对于已知一点到一等边三角形的三个顶点的距离，求其边长，有

一个优美的对称方程：

$$3\left(a^4 + b^4 + c^4 + d^4\right) = \left(a^2 + b^2 + c^2 + d^2\right)^2 。$$

a, b, c, d中任何三个变量都可以取作那三个距离，解出的第四个数就是边长。最简单的整数解是3、5、7、8。除了边长为8时该点落在三角形的边上之外，此点都在三角形之外。格林德雷(W. H. Grind-ley)、瓦尔德福格尔(Jörg Waldvogel)等人给出了所有三种情况(点在内部、外部或在三角形边上)均有无穷多个互素(没有公因子)的整数解的证明。对于点在三角形内的最简单的解是：三个距离分别为57、65和73，三角形的边长为112。

第 6 章

随机行走和赌博

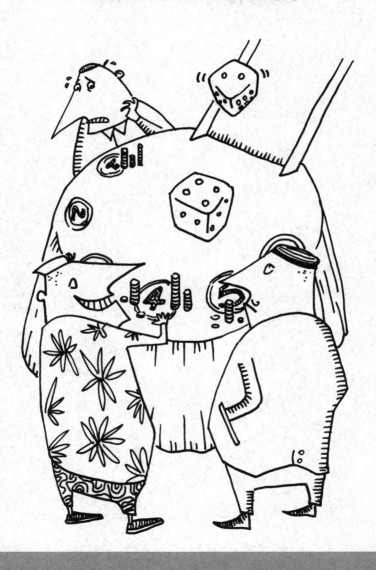

他神定气闲,继续赶路,信马而行。他坚决相信,冒险的真正精髓就在于此。

——《堂吉诃德》卷1,第2章

这位毫无目的地从一个城镇游荡到另一个城镇的不能自控的漂泊者,可能确实是个神经症患者,但就是心智健全的人也会需要适量的随机行为。这种行为的一个形式是沿一条随意的路径旅行。诸如《堂吉诃德》这样的大部头流浪汉冒险小说深受大众欢迎的部分原因当然是,在这种随意的路径上所发生的事件是没有可预见性的,读者可以从中间接地感受到快乐。

博尔赫斯①在他的文章《关于时间的新反驳》(A New Refutation of Time)中,描述了在巴拉卡斯的街道上的一次随机行走:"我试图在选择可能走的道路上达到最大的随意性,以免对任何一条可能走的道路必须进行一番明智的预判从而造成我的预期疲劳。"切斯特顿②在他的自传中描述,他的第二次蜜月是一次随机的"进入虚空的旅行"。他和他的妻子登上一辆路过的公共汽车,到了一个火车站就下车,乘上第一列出发的火车,到终点站下车,然后沿着乡村道路随机地闲逛,最后遇到一家小旅馆,就在那里借宿了。

---

① 博尔赫斯(Jorge Luis Borges,1899—1986),阿根廷作家、诗人。《关于时间的新反驳》是他在1944—1946年发表在布宜诺斯艾利斯一本杂志上的著名哲学论文。下面提到的巴拉卡斯(Barracas)是布宜诺斯艾利斯东南部的一个区。——译者注

② 切斯特顿(Gilbert Keith Chesterton,1874—1936),英国作家、文学评论家。他的推理小说中的人物"布朗神父"几乎与福尔摩斯齐名。不过与福尔摩斯不同的是,布朗神父以犯罪心理学的方式来对案情进行推理。——译者注

数学家坚持不懈地分析任何可分析的东西。随机行走也不例外,从数学上讲,它是指像那个拉曼查人[①]到处漫游那样的冒险行为。事实上,这是马尔可夫链研究的一个主要分支。由于在科学中的应用日益增加,马尔可夫链成了现代概率论最热的课题之一。

马尔可夫链以俄罗斯数学家马尔可夫(A. A. Markov)的名字命名(他是第一个研究该课题的人),是一个离散状态的系统,在此系统中从任何一个状态向任何其他状态转变的概率是固定的,不受此系统的过去历史影响。这种链的一个最简单的例子是沿着图6.1所示的线段进行的随机行走。这根线段上的每个间隔长一个单位。一个人在标记为0的点开始行走。他通过丢硬币来决定每一步行走的方向:头像向上,向右行走;背面向上,向左行走。用数学术语来讲,他从一个标记点向下一标记点的"转移概率"是 $\frac{1}{2}$。因为他向左行走和向右行走的可能是一样的,所以这样的行走被称为"对称的"。位于-7和10处的竖直长条 A 和 B 是"吸收壁"。意思是此人行走到这两个壁中的任一个时,他将被吸收掉,行走就此结束。

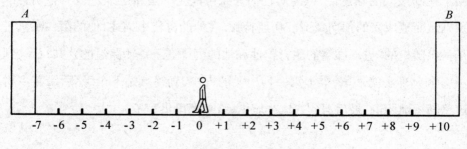

图6.1　带有吸收壁的一维随机行走

此种行走的一个新奇特征是它同构于一个古老的打赌问题,这个问题称为"赌徒的破产"。开始,赌徒 A 有7美元,赌徒 B 有10美元。他们重复投掷一枚

[①] 指堂吉诃德。——译者注

硬币,每当头像向上时,*B*输1美元给*A*,每当背面向上时,*A*输1美元给*B*。当其中任一赌徒"破产"即输光了钱时,游戏就结束。很容易看出,这个游戏的过程和随机行走者的移动是对应的。任何时刻,*A*的美元赌资都可由行走者到壁*A*的距离代表,*B*的赌资都可由行走者到壁*B*的距离代表。如果前两次掷币都是头像向上,行走者向右移动两步;在赌局中就是,*A*的赌资由7美元增加到9美元,而*B*的赌资由10美元减至8美元。如果行走者走到*A*壁,对应于*A*破产。如果他走到*B*壁,对应于*B*破产。

所有类型的概率问题,在此两种说法中都有同一的答案。有些容易解答,有些是极端困难的。最容易的一个问题是:每个赌徒赢的概率是多少?这个问题等同于问行走终止于这一壁或那一壁的概率各是多少。不难证明,每个赌徒赢的概率是他原始的赌资除以两个赌徒的赌资之和。*A*赢的概率是$\frac{7}{17}$,*B*赢的概率是$\frac{10}{17}$。用随机行走的术语来说,行走终止在壁*B*的概率是$\frac{7}{17}$;终止在壁*A*的概率是$\frac{10}{17}$。赫什(Reuben Hersh)和格里戈(Richard J. Griego)发表在《科学美国人》1969年3月号上的文章《布朗运动和势论》用一根拉伸了的橡皮筋对此给出了一个简单证明。

这两个概率之和必定为1(确定性),即如果此行走或赌局进行得足够长,肯定是会结束的。如果去掉某一个壁,譬如说壁*B*,而允许直线延伸到无穷,将会发生什么情况?如果行走延续得足够长,那么肯定会终止在壁*A*处。用赌博的说法是,如果*A*的对手有无穷多美元可供使用,那么*A*最终一定会破产。对难以自控的赌徒来说,这是一个坏消息:即使他所有的赌注都以公平的赔率投下,但他面对的是一个实际拥有无限赌本的"对手"(即赌博界),最终他几乎肯定破产。

另一类容易计算的问题,是求行走者从一确定点出发,经过特定的步数后,到达另一给定点(或回到出发点)的概率。由于涉及所走步数的奇偶性,所以有一半的情况答案是0(不可能)。例如,行走者不可能从0点出发,经过奇数步到达标号为偶数的点,也不能经过偶数步到达任何标号为奇数的点。经过不多不少三步后,他从0到+1的概率是多少?这与投掷三次硬币出现二次头像一次背面(不论次序)的概率是一样的。这种情况在八个可能性相同的结果中出现三次,所以答案是 $\frac{3}{8}$。(如果在两个标号之间的中点上设置一个"反射壁"来替代其中一个或所有两个吸收壁,情况就复杂了。当行走者撞上这样的一个壁时,就会被反弹回到他刚才离开的标号处。翻译成赌博的语言,就是当给一个破产的赌徒1美元,使他能留在此赌局中时,这种情况就会发生。当然,如果两个壁都是反射的,行走就永远不会结束。)

另一个简单的计算结果是,行走者在这条有着两个吸收壁的线段上行走,直到被吸收为止的投掷硬币次数的期望值,但它很难证明,"期望值"就是长期反复地进行同一随机行走而得出的平均值。答案是两个壁到起始点距离的乘积。在上述情况下,是 $7 \times 10 = 70$。这种"典型"的行走要持续70步;典型的赌局要在投掷硬币70次后,其中一个赌徒才会破产。这比大部分人所猜测的要长得多。这意味着,在一个两人之间的公平赌博中,如果各人的起始赌本均为100美元,每次赌注1美元,则这个赌博平均要下注10 000次。更难以想象的是,当一人的起始赌本为1美元,另一人为500美元时,这个赌博平均将下注500次。在随机行走中,如果此人距离某一壁1步,距离另一壁500步,那么他在被吸收前,平均要行走500步!

假定任一个壁(如果有的话)可起始点的距离都不小于 n,那么当行走者第一次到达与0点即起始点的距离为 n 的点时,他所走过步数的期望值是多少?显然,这是上述问题的一个特例。此问题等同于问行走者被距离0点为 n 的两壁吸收时,他所走过的步数的期望值是多少。很简单,结果是 $n \times n = n^2$。这样一

来，如果一个行走者行走了n步，发觉自己与0点的距离达到最大，那么这个距离的期望值是$\sqrt{n}$[①]。

这与问行走n步后，与0点的期望距离（不一定是最大距离）是多少的问题不同。这种情况下，公式有点儿复杂。只走一步，结果显然是1。走两步，也是1（四个可能性相等的距离是0,0,2,2）。走三步，是1.5。当n趋向于无穷时，距离（可以在0点的任何一侧）的期望值的极限是$\sqrt{\dfrac{2n}{\pi}}$[②]，或者说当n很大时，约为$0.8\sqrt{n}$。莫斯特勒（Frederick Mosteller）和他的合作者在《概率和统计》（*Probability and Statistics*）一书第14页上给出了这个结果。

一维行走的所有情况中，最让人难以相信的情况出现在我们考虑在一条没有壁的直线上行走，并问行走者从起始点的一侧转到另一侧的频繁程度如何的时候。因为行走的对称性，人们以为在长期行走中，行走者将各花一半时间在起始点的两侧。其实，与此对立的观点才是正确的。不管他行走多长距离，从一侧转到另一侧的最可能次数是0。第二可能的次数是1，随后依次是2,3等。

费勒[③]在他的经典著作《概率论及其应用》（*An Introduction to Probability Theory and Its Applications*）中那著名的一章"扔硬币的起伏问题和随机行走"（卷I，第III章）里是这样说的："如果一位现代的教育家或心理学家要描述掷单枚硬币游戏的长期病史，他会把大多数硬币归为精神失调的一类。如果有许多硬币，每一枚被投掷n次，它们中一个大得令人惊讶的部分会让一个游戏者几乎在所有时间里保持领先地位；只有在极少情况中，这个领先地位会易手，并

---

① 此说似有误。读者可用$n=2,3$检验。或许$\sqrt{n}$是指当n充分大时的渐近期望值。——译者注

② 正确的说法是，当n趋向无穷时，期望距离与$\sqrt{\dfrac{2n}{\pi}}$的比值趋于1。——译者注

③ 费勒（William Feller，1907—1970），克罗地亚裔美国数学家，研究领域是概率论。《数学评论》的创始人和第一任主编。——译者注

以人们对一枚行为正常的硬币普遍预期的方式来回拉锯。"如果仅投掷20次，每一个游戏者各领先10次[①]的概率是0.06+，这是可能性最小的结局。输者一次也没有领先的概率是0.35+。

根据费勒的计算，如果一枚硬币在一年里每一秒钟投掷一次，那么这个实验的20次重复中会有一次，获胜的游戏者可以被期望保持领先364天10小时以上！费勒写道："几乎没有人会相信，一枚完美的硬币会产生如此荒谬的结果，即在连续几百万次的试验中领先地位根本不发生改变，然而这正是一枚好硬币的相当正常的行为。"

图6.2是一种典型的随机行走的图，该行走沿左边竖直的无限长直线进行，向右表示时间的推移。这个行走依据的不是投掷硬币或随机数表，而是π的直到第100位小数的各位数字（因为π的十进数字已经通过所有的随机性检验，它们便提供了随机数的一个非常方便的来源）。每遇一个偶数数字向上走一步，每遇一个奇数数字向下走一步。走了101步，行走者在横线的上方有17次，大约占总步数的17%。他经过起始点只有一次。此图对于表现如何以波的形式回到0或靠近0来说也是典型的，这个波的波长以大约等于时间的平方根的增长率而倾向于增加。费勒的书中给出的图与此相似，它们是以10 000次硬币投掷模拟为基础的。

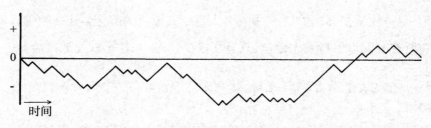

图6.2　以π的前101位数字为基础进行的对称随机行走

[①] 似有误，没有考虑平手的情况，即行走者回到起始点的情况。——译者注

如果允许转移概率不同于 $\frac{1}{2}$ 并允许步长比一个单位更长些,则事情会变得更为复杂。考虑下面这个奇怪的悖论,它最早是加拿大数学家诺拉克(Enn Norak)让我引起注意的(用的是赌博的术语)。如图6.3所示,一个行走者在0右边的100步处出发,在一根没有壁的直线上行走。不是用硬币而是用一把10张纸牌——五张红、五张黑——来作为随机性发生器。这些纸牌被洗过后面朝下一张一张地散布在桌面上,随机选取其中的任何一张。看到该张纸牌的颜色后,就把它弃置一旁。如果纸牌是红色的,行走者就向右走;如果是黑色的,就向左走。这样一直持续到10张纸牌都被取过。(每一步的转移概率都不相同,只有在取某张纸牌之前那一把纸牌是由数目相等的红牌和黑牌相混组成时,转移概率才是 $\frac{1}{2}$ 。)此行走与上面讨论的行走也不同:在翻看每一张牌的颜色前,行走者要选择他下一步的步长(不必是整数)。

图6.3 基于沿一条没有壁的直线随机行走的悖论

假定行走者在选择步长时,采用如下的减半策略。每次翻看牌后,他走的步长(不论向左或向右)正好等于他与0点之间距离的一半。他第一步的步长是 $\frac{100}{2}$ = 50个单位。如果是红牌,他走到标号150处。然后他下一步的步长将是 $\frac{150}{2}$ = 75。如果第一张取的牌是黑牌,那么他向左走到标号50处,所以他下一步的步长将是 $\frac{50}{2}$ = 25。他以此方式一直持续到第十张牌被翻看。此时他处于出发点标号100的右边还是左边?

答案是他肯定在左边。你可能并不觉得十分意外,但是下面的情况确实令

人惊讶:不管翻牌的次序如何,行走者将正好都在同一地点结束他的行走。这一地点是在出发点左边约76单位处。精确的距离由下面的公式给出,

$$a - \left[a \left(\frac{3}{4} \right)^n \right],$$

其中 a 为出发点的位置, n 为那一把牌中红(或)黑牌的数目。当 a 为100且 n 为5时,即上面的例子,此公式给出的结果是 76.269 531 25,这是结束时行走者走到出发点左边离出发点的距离。

用诺拉克的赌博游戏的语言来说,一人开始有100美元,赢和输是由一把洗过的牌(其中五张红牌和五张黑牌)来决定。我们从中取牌,看是红是黑,然后将牌弃置一旁。(这等价于投掷一枚硬币10次,假定硬币出现头像和背面的次数碰巧相等。使用纸牌就保证了这种相等性。)若是红牌此人赢,黑牌则输。每次下注是他赌本的一半。尽管很难相信,每次这样的游戏结束,他都正好输掉 76.269 531 25 美元。此数随 n 的增加而增加。如果 n 为26,即用一副标准的52张纸牌,他将输掉99.90美元还要多,但是总是少于100美元。

他每次也可以不投赌本的一半,而是赌本的某个固定分数。令这个分数为 $\frac{1}{k}$, k 是任何正实数。此分数愈小,则游戏结束时他输掉的钱愈少;此分数愈大,输得愈多。如果等于1,他肯定会输得精光。对于这个更一般的情况,输钱数额为

$$a - \left[a \left(1 - \frac{1}{k^2} \right)^n \right].$$

如果允许用数目不相等的红牌和黑牌相混组成一把牌,这个公式还可进一步推广,不过这过于复杂,这里就不展开了。

现在来考虑诺拉克提出的一个有趣问题,它基于刚才所描述的游戏的一

种变形。它可以作为随机行走问题提出,但我仅给出与它等价的赌博游戏。这个游戏与前面的相同,只不过起始赌资为100美元的那个人的对手可以决定每次赌注的大小。假定对手为史密斯,假定他有足够的赌本可以支付任何输额。该游戏使用一副标准的52张纸牌。在每次牌被翻出和弃置一旁之前,史密斯用另一人,即起始赌本为100美元的那个人所拥有赌本的一半下注。在最后一张牌被翻出后,史密斯是赢还是输?无论是赢是输,赢额或输额总是相同的吗?如果是的话,其公式是什么?如果你已经理解了以上讨论,你几乎立即能回答这些问题。

关于随机行走这一令人吃惊的题论将在下一章结束,在那里将考虑平面上和空间中的以及在诸如国际象棋棋盘这样的点阵和正多面体的棱上的一些随机行走。

这个赌博问题其实是开个玩笑。如果玩家A开始时具有一定数量的美元,而且,如果每次从那把红牌和黑牌数目相同的牌里取一张牌,就允许A的对手B以A当前赌本的一半下注,那么此游戏很明显与先前讨论的情况相同,在那种情况下A总是以自己赌本的一半下注。现在,由B决定赌注,他将正好赢得前面情况中A所输掉的金额。因而针对第一个游戏给出的公式,在这里也可用。我们知道输家的起始赌本是100美元,并用52张一副的纸牌作为随机性发生器。赢家当然正好赢得 $100-\left[100\left(\frac{3}{4}\right)^{26}\right]$ 美元,而输家手中只剩下不到10美分。

第 7 章

平面上和空间中的随机行走

上 一章中我讨论了沿一根有或没有吸收壁的直线的步子离散的随机行走，指出了它与各种双人赌博游戏之间神奇的等价性。本章中，随机行走移到了平面上和空间中。

在如图7.1所示的无限棋盘式点阵上，从一个顶点[①]到相邻顶点的随机行走，是一类被研究得较多的二维随机行走。每一步都是走一个单位，且这种行走是"对称的"，即四个可能方向的任何一个被选中的概率是 $\frac{1}{4}$。可以设置若干个吸收壁，如图7.1上的圆点，把行走者包围起来，就可以使得这个行走能在有限步内完成。当他踏上任何一个圆点时，他就被"吸收"掉了，行走就此结束。（包围行走者的壁，不一定要形成一个规整的正方形，它们可以形成任意形状的边界。）如同直线上相类似的有限行走一样，不难算出从此边界内的任意一个顶点出发将在一个指定壁结束的概率。人们也能确定在结束行走之前所走步数的期望值（长期反复地进行同一随机行走而得出的平均步数）。在这类计算中所涉及的公式有着许多意想不到的科学应用，诸如确定电网内部的电压等。

---

① 在本篇中，顶点（vertex）、角顶（corner）、交叉点（intersection），似指同一个对象，即点阵中的格点。——译者注

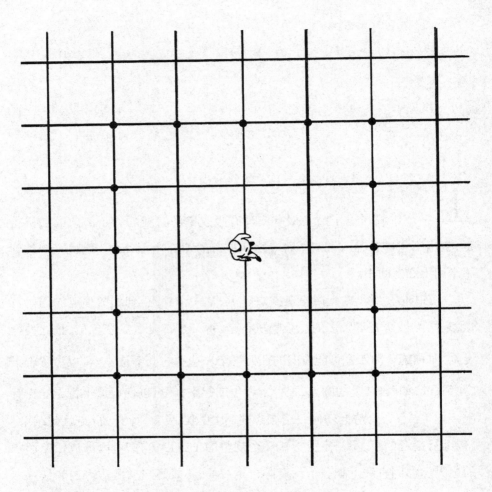

图7.1 正方形点阵上的随机行走

如果行走者没有被壁所困,而是能够逃逸出去,在一个覆盖了无限平面的正方形点阵上漫步,情况就比较复杂了,并由此产生了许多至今仍未解决的问题。一些已经确立的定理深奥而反常。考虑在一个没有壁的无限点阵上的随机行走。如果行走持续任意长时间,行走者对任何指定角顶的访问次数所占的比例趋于极限零。另一方面,如果行走的时间足够长,行走者肯定会接触到每一

个顶点,包括返回起始点。正如凯梅尼(John J. Kemeny)在《高中数学集萃》(*Enrichment Mathematics for High School*)中一篇优秀的数学文章《随机行走》中指出的,这导致了逻辑可能性和实际可能性之间一个意义深刻的差别。一个行走者可以永远走下去而到不了一个给定的角顶,这在逻辑上是可能的。然而,对数学家来说,即使到达任何特定角顶的期望步数是无穷大,它仍然有一个为零的实际概率。此种差别常常会在涉及无穷集时遇到。例如,如果永不休止地投掷一枚分币,那么头像和背面一直交替出现的情况在逻辑上是可能的,但发生这种情况的实际概率为零。

凯梅尼是以如下方式来表达这一点的:假设你站在无限点阵的一个交叉点上,而你的一位朋友从其他任何点开始在此点阵上随机漫步;如果你能等待任意长时间,那么他在实际上肯定会遇到你。这一命题甚至可以更强。在第一次相遇后,如果你的朋友继续漫步,他最终又和你相遇的概率还是1。换言之,实际上可以肯定的是,这样的一个行走者,只要有足够的时间,他将走过每一个交叉点无限多次!

假定两个行走者在一个无限的方格点阵上随意地移动,他们一定能相遇吗?(如果他们在开始时相隔奇数步,迈步又是一致的,那么他们永远不会在一个角顶上碰到,但是他们可以在一个线段的中点相撞。)答案又是,如果他们行走得足够长,那么他们将相遇无限次。如果三个人步子一致地在无限点阵上漫步,并且如果他们在起始点都俩俩相隔偶数步,那么这三人肯定会相遇在某个角顶。但是,他们相遇在一个指定角顶的概率下降到小于1。对于四个或更多的行走者,所有四人相遇在某处的概率也变得小于1。

当将这种行走推广到空间点阵时,最令人惊奇的结果出现了。如果这样的一个点阵(不一定是立方体)是有限的,一个随机行走者实际上肯定能够在有限的时间内到达任何一个交叉点。正如凯梅尼所表达的,如果你在一个走廊和楼梯错综复杂的大楼内,那么你通过在这大楼内的随机行走肯定能在有限的时间里走到一个出口。然而,如果点阵是无限的,那就不是这种情况了。波利亚在1921年证明,一个随机行走者在这样的点阵上到达任何指定角顶的概率小于1,即使他永不休止地行走。1940年,麦克雷(W. H. McCrea)和惠普尔(F. J. W. Whipple)证明,行走者在一个无限的立方体点阵上行走无限长时间,他回到出发点的概率是0.35。

现在我们从平面点阵转到平面本身,并允许行走者每次在任何一个随机选择的方向上走长度为一个单位的一步,那么事情在某些情况下会变得更复杂,而在另一些情况下则比较简单。例如,行走者行走了步长相等的n步后,离开起始点的期望(平均)距离就是步长乘以n的平方根。这是爱因斯坦在1905年(同年他发表了他那关于相对论的著名论文)发表的一篇关于分子统计的论文中证明的。此结论也为斯莫卢霍夫斯基[①]独立证明。读者可在伽莫夫(George Gamow)的《从一到无穷大》(*One Two Three ... Infinity*)中找到一个简单的证明]。

空间中的离散随机行走服从同样的平方根公式。就像在平面上那样,步长不一定相同。n步后,行走者离原点的期望距离是一步的平均长度乘以n的平方根。正是在这里,随机行走在诸如液体或气体中分子的随机运动、热通过金属的传播、谣言的散布、疾病的传播等等扩散现象的研究中,变得价值无法估量。一种流感的流行是微生物几百万次随机行走的混合。随机行走几乎在每门科学中都有应用。蒙特卡洛方法———一种使用计算机模拟困难的概率问题的方法———的第一个主要应用是计算中子穿过各种物质的随机行走。在这样的

---

① 斯莫卢霍夫斯基(Marian Smoluchowski, 1872—1917),波兰物理学家,统计物理学先驱之一。他发表在《物理年鉴》第326卷14期(1906年)的论文中有此证明,并且还给出了有关扩散的爱因斯坦—斯莫卢霍夫斯基关系。——译者注

扩散现象以及布朗运动中,这个平方根公式必须被修改为包含温度、嵌入介质的黏度等许多其他因素。而且,这样的运动通常是连续而非离散的,它们被称为马尔可夫"过程",以与马尔可夫链相区别。平方根公式只是提供了估计期望距离的第一级近似。这一领域由维纳[①]1920年的第一篇论述布朗运动的杰出论文所开创,其最新工作请参阅赫什和格里戈发表在1969年《科学美国人》上的文章《布朗运动和势论》。

一个随机行走者从他所在平面或空间的起始点开始的向外漂移,不是常速的。如果行走本身的节拍是稳定的,那么步数的平方根以一种稳定减少的速率增加。行走愈长,漂移愈慢。在上面提到的书中,伽莫夫给出了一个戏剧性的解释。靠近太阳中心的一个光量子要经过大约50个世纪的"醉汉漫步"才能到达太阳表面。一旦脱离太阳的控制,它就酒醒了,只要方向正确,到达地球只要8分钟。

这里有一个简单的问题。若二人在平面上的同一点开始行走,一人进行了70个单位步长的随机行走,然后停止。另一人进行了30个单位步长的随机行走后停止。最终他们之间的期望距离是多少?

现在,我们转向一类与至今已考虑过的任何行走都不相同的随机行走。如图7.2所示,假定一只虫子从左图正方形的角A处开始,沿着正方形的边随机爬行。与前面所讨论的把从角顶到角顶的"转移概率"相等化的做法不同,假定此虫子在B点和C点时爬向D点的概率是它爬回A点的概率的两倍。在A点和D点,它在两条路径中选定任一条的概率均是$\frac{1}{2}$;而在B点和C点,它选定爬向D点的路径的概率是$\frac{2}{3}$,而选定爬向A点的路径的概率是$\frac{1}{3}$。这个网格是

---

① 维纳(Norbert Wiener,1894—1964),美国应用数学家,随机过程和噪声信号处理领域的先驱。他首创"控制论"一词,著有《控制论》一书,被认为是控制论的创始人。——译者注

有限的,但是由于没有吸收壁,因此行走永远不会结束。这种行走通常叫"遍历行走"。我们将计算,从长远来看,虫子对每一个角顶的访问次数在对所有四个角顶的访问次数中所占的比例。

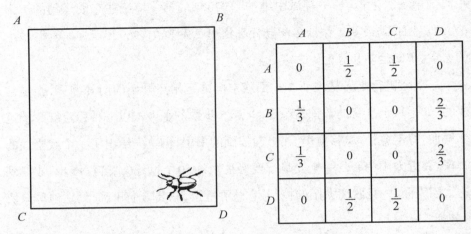

图7.2 "遍历行走"(左)及其转移概率矩阵(右)

有一个方法是画出图7.2右边的"随机矩阵",它显示了从任何一个角顶到另一个角顶的转移概率,矩阵中的零表示这种转移不会发生。因为这种遍历马尔可夫链的任何一个状态一定会导向另一个状态,所以任何水平行的概率之和一定等于1,我们说,每个水平行中的概率形成一个"概率向量"。

虫子访问一个给定角顶的概率等同于它在这个无止境的行走中从相邻角顶爬到此角顶的概率之和。例如,访问 D 点的概率是它从 B 点到 D 点的概率加上它从 C 点到 D 点的概率。(这些是从长远来看的概率,不是这个虫子在 B 和 C 点时前去 D 点的概率。)令 d 为任何当这个虫子位于一个角顶的时刻,这个虫子位于角顶 D 的概率。令 a、b、c 为它位于角顶 A、B、C 的概率。由矩阵的 D 列,我们看到,从长远来看,虫子从 B 到 D 的概率是 $b \times \frac{2}{3}$,从 C 到 D 的概率是 $c \times \frac{2}{3}$。从长远来看,虫子访问 D 点的概率是这两个概率之和,故而我们能写出如下方

程：$d = b \times \dfrac{2}{3} + c \times \dfrac{2}{3}$。简化得

$$d = \frac{2b}{3} + \frac{2c}{3}。$$

另外3列给我们关于a、b、c的类似公式：

$$a = \frac{b}{3} + \frac{c}{3},$$

$$b = \frac{a}{2} + \frac{d}{2},$$

$$c = \frac{a}{2} + \frac{d}{2}。$$

虫子不在边上时，那一定是在角顶上，故而我们有第五个方程：

$$a + b + c + d = 1。$$

瞧一下前面的四个方程，就有$b = c$和$d = 2a$，这使得很容易解此五个联立方程：$a = \dfrac{1}{6}$，$b = \dfrac{1}{4}$，$c = \dfrac{1}{4}$，$d = \dfrac{1}{3}$。虫子将把它处于角顶上的次数的$\dfrac{1}{6}$花在A上，$\dfrac{1}{4}$花在B上，$\dfrac{1}{4}$花在C上，$\dfrac{1}{3}$花在D上。它访问D的次数将是访问A的两倍。

读者们可能喜欢用同样的技巧在立方体上尝试一下类似的问题，这是凯梅尼在上面提到的论文中提出的。如图7.3所示，在左边的立方体上，虫子爬向H的可能性是爬向A的两倍。转移概率的随机阵如图7.3中的右图所示。由矩阵的八个列导出八个联立方程，与等式$a + b + c + d + e + f + g + h = 1$一起，可得到一个唯一解。这个虫子进行它那持续的遍历行走时，将把它访问角顶次数的$\dfrac{3}{54}$用于访问A，访问B、C、D的次数各为其中的$\dfrac{5}{54}$，访问E、F、G的次数各为其中的$\dfrac{8}{54}$，访问H的为$\dfrac{12}{54}$。它访问H的次数将是访问A的四倍。

如果这种类型的遍历行走是对称的，即在每一个顶点处选择各个可行的下

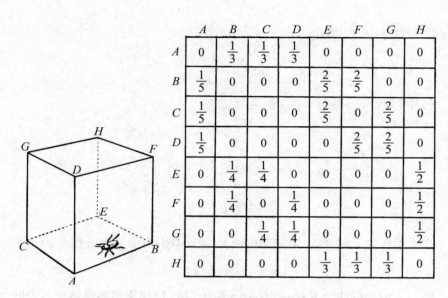

	A	B	C	D	E	F	G	H
A	0	$\frac{1}{3}$	$\frac{1}{3}$	$\frac{1}{3}$	0	0	0	0
B	$\frac{1}{5}$	0	0	0	$\frac{2}{5}$	$\frac{2}{5}$	0	0
C	$\frac{1}{5}$	0	0	0	$\frac{2}{5}$	0	$\frac{2}{5}$	0
D	$\frac{1}{5}$	0	0	0	0	$\frac{2}{5}$	$\frac{2}{5}$	0
E	0	$\frac{1}{4}$	$\frac{1}{4}$	0	0	0	0	$\frac{1}{2}$
F	0	$\frac{1}{4}$	0	$\frac{1}{4}$	0	0	0	$\frac{1}{2}$
G	0	0	$\frac{1}{4}$	$\frac{1}{4}$	0	0	0	$\frac{1}{2}$
H	0	0	0	0	$\frac{1}{3}$	$\frac{1}{3}$	$\frac{1}{3}$	0

图7.3　立方体上的遍历随机行走(左)及其转移概率矩阵(右)

一步的概率相同,则分别访问任何两个给定角顶的次数之比,等于分别通向这两个角顶的不同路径数目之比。例如,一只猫正在沿埃及大金字塔的边作对称的随机遍历行走,它每访问一个底角三次就将访问顶角四次,因为有四条路径通向顶角而每个底角仅有三条路径到达。不难列出相应的矩阵并写出方程组,证明这只猫将用它访问角顶次数的 $\frac{1}{4}$ 来访问顶角,而用其中的 $\frac{3}{16}$ 来访问每一个底角。

再提一个很容易解的问题。假定在如图7.3所示的立方体上有一只苍蝇从 A 开始随机行走;在此同时,一只蜘蛛从 H 开始随机行走。(随机矩阵同前。)两者以同样的速度移动。此两虫各走过1.5条边这个最小距离而在一条边的中点相遇的概率是多少?

许多其他令人愉快的问题与沿一个立方体和其他正多面体的边进行的遍历随机行走有关。如果一只喝醉了酒的虫子在立方体的一个角顶上出发,走到最远的角顶上,它在每一个角顶上以相等的概率选择三条路径中的一条,那么

它的平均行程将是10条边的长度。如果这只虫子仅是半醉,从不走回头路,而以相同概率选择另两条路径,那么它到最远角顶的平均行程是6。在这两种情况中,此虫子返回其出发时角顶的平均路程是8,即一个立方体的角顶数。

这并不是巧合。格拉斯哥的奥贝恩(Thomas H. O'Beirne,我借用了他的"半醉"一词)给出了一个没有发表的证明:在每个顶点与其他每个顶点都拓扑相同的任何正则网络上,一个随机行走回到出发顶点的期望步数等于顶点的总数。不管行走者在每一顶点上是等概率地选择所有路径,还是只选择那些不包括刚走过路径的路,这个结论总是成立。一只全醉或半醉的虫子从一个正方形的一个角顶走向另一个角顶,它走回到出发点的平均步数是四步。所有柏拉图多面体和阿基米德立体[①]的棱形成同样的正则空间网络。一个四面体上,一只全醉或半醉的虫子,将以四条棱长为平均路程返回起始角顶;在一个十二面体上,它将以20条棱为平均路程,等等。读者若对怎样建立方程来计算这种网络上的平均路程感兴趣,可以在《美国数学月刊》(*The American Mathematical Monthly*)1966年2月号第200页和1967年10月号第1008—1010页对问题E1752和E1897的解中找到以十二面体为参照而解释的方法。关于那种并非正多面体的斜方十二面体,请参看奥贝恩的论文《醉酒苍蝇交通统计中的一个荒谬结果》,该文发表在《数学及其应用学会公报》(*Bulletin of the Institute of Mathematics and Its Applications*)1966年8月号第116—119页。

在一个网络上,走一步不一定是走到邻近的点。在国际象棋棋盘上,考虑一只车的对称随机遍历行走。假定这只车每一步都是在所有可能的走法中以相同概率挑选一种走法。因为一只车要走到任何一个格子,可以从其他14个格子一步走过来,所以每步走棋的转移概率是$\frac{1}{14}$。于是,车在每一个格子上的

---

① 柏拉图多面体即正多面体,共有正四面体、正六面体(立方体)、正八面体、正十二面体和正二十面体等5种。阿基米德立体是一类高度对称的半正多面体,共有13种。——译者注

出现概率都是相同的。

对于其他的棋子,情况就不同了,因为它们的转移概率有变化。例如,对于一个角上的格子,马只能从其他两个格子跳到,而对于棋盘中央的 16 个格子中的任何一个,马能从其他 8 个格子跳到。由于这里的比例为 $\frac{2}{8}$ 即 $\frac{1}{4}$,所以一只马在棋盘上作无止境的随机行走时,它到达任何一个指定角上的格子的概率将是到达中央 16 个格子中一个给定格子的 $\frac{1}{4}$。证明请参看《数学快报》(*Scripta Mathematica*)1964 年 8 月号第 185—187 页上阿尔伯特(Eugene Albert)的文章《广义对称随机行走》。

附　录

在本章的前面部分,我们遇到了一个令人愉快的定理,它可用图论的术语将它表述如下。考虑任何一个正则图,这里"正则"的意思是其中每一个顶点都属于相同数目的边。如果一只虫子在任一个顶点上开始随机行走,并在每一个点上以相同概率在可行的边里挑选一条行走,则回到出发顶点的(期望)步数等于该图中顶点的个数。

虽然我给出了一些解释如何计算此种行走的参考文章,但没有提供一个例子。现在来看一下,对于一个三角形和四面体是如何计算的,这可能是很有趣的。这样,读者可以将此过程推广到多边形的边和多面体的棱上,以及推广到其他正则图的边上。

将一个三角形的三个角顶标记为 A、B、C,假定在每一个角顶上以相同的概率从两条边中挑选出一条行走,我们希望知道从 A 随机行走回到 A 的期望长度。注意,这等同于(走出第一步后)把 A 叫做吸收壁,然后问此虫子被吸收掉

之前的随机行走的期望长度。

令 x 是从 B 走到 A 的期望长度。根据对称性，它与从 C 走到 A 的期望长度是一样的。

假设此虫子在 B 点。如果它选择行走到 A，那么到 A 的期望路程是1。如果它选择行走到 C，那么到 A 的期望路程是1加上从 C 到 A 的期望路程。后者即为 x，因而从 B 经 C 到 A 的期望路程[①]是 $(1+x)$。将两条路径的长度相加为 $1+(1+x)$，再除以2就得平均路程。这样我们得到了如下的简单方程：

$$x = \frac{1+(1+x)}{2},$$

它给出 x 的值为2。

现在我们知道此虫子在 B 点或 C 点开始行走，到 A 的期望路程是2。如果此虫子从 A 点开始行走，它必须先走一步到 B 点或 C 点。因而从 A 点回到 A 点的期望长度是1+2=3。

用同样的方法可以容易地解决四面体的问题。将角顶标记为 A、B、C、D。此虫子从 B[②]开始。如果它选择直接到 A，则期望路程为1。如果它选择到 C 或 D，那么（从那里）到 A 的期望路程为 $(1+x)$。因而，从 B 到 A 的平均路程是 $1+(1+x)+(1+x)$ 除以3。我们的方程是

$$x = \frac{1+(1+x)+(1+x)}{3},$$

它给出 x 的值是3。虫子在 A 点必须先走一步到其他三个角顶之一上，因而从 A 点回到 A 点的期望长度是1+3=4。

作为一个练习，使用稍微复杂一些的方程，读者可以愉快地证明，在一个正方形或一个立方体上，从一个角顶回到同一个角顶的期望行程分别为4和8。

---

① 原文此处没有表明是经过 C 到 A，现根据上下文的意思加上。——译者注

② 此处误作 A，今已改正。——译者注

97

答　案

1. 两人从平面上的同一点出发。一人随机行走了70个单位步长,另一人随机行走了30个单位步长。行走结束时,他们之间的期望(平均)距离是多少?如果设想一人反转行走方向,回到他出发的点,然后沿着另一人的路径继续走下去,你就会发现这个问题等同于求单独一个100步随机行走的从出发点算起的期望距离。我们知道,此期望距离是平均步长乘以步数的平方根,因而答案是10个单位。

2. 因为立方体的对称性,醉酒苍蝇的任何第一步一定是向着此立方体最远的角顶行进,在那里醉酒蜘蛛已开始了它同时的行走。因此,苍蝇所走的第一步是哪一步无关紧要。但是,蜘蛛的第一步有三个概率相同的方向,其中有两个就能到达与那只苍蝇相邻的角顶。因而在第一步后,这两只虫子位于相邻角顶的概率是 $\frac{2}{3}$。在每一对它们随后可能占据的相邻角顶上,苍蝇向着蜘蛛移动的概率是 $\frac{2}{5}$,蜘蛛向着苍蝇移动的概率是 $\frac{1}{4}$。这三个概率 $\frac{2}{3}$、$\frac{2}{5}$ 和 $\frac{1}{4}$ 的乘积是 $\frac{1}{15}$。这就是蜘蛛和苍蝇在它们各自行走了1.5条边后将在一条边的中点相遇的概率。

第 8 章

布尔代数

作为形式逻辑的创始人,亚里士多德值得拥有全部功劳,虽然他的注意力几乎全部限于三段论。现在,当三段论已经成为逻辑的一个很平常的组成部分时,很难相信2000年来它一直是逻辑研究的一个主要课题,直到1797年康德[①]写下了逻辑是"一个封闭而完整的学说体系"的断语。

罗素[②]曾经解释过:"在三段论的推理中,假定你已经知道所有人终有一死且苏格拉底是一个人,因此你毫不怀疑地推论出苏格拉底终有一死。这种形式的推论在实际中确实会出现,但非常少见。"罗素接着说,他所听到的仅有例子是由一本英国哲学杂志《心灵》(*Mind*)中的一期搞笑特辑引起的,这是编辑们1901年炮制的圣诞特辑。一位德国哲学家被这本杂志中的广告搞糊涂了,最终推断:这本杂志中的所有东西都是在搞笑,这些广告在这本杂志中,因而这些广告也是在搞笑。"如果你希望成为一名逻辑学家,"罗素还写道,"有一个我不能过于强烈要求的合理忠告,那就是:不要去学传统的逻辑学。在亚里士多德

---

① 康德(Immanuel Kant, 1724—1804)德国哲学家,德国古典哲学创始人,《纯粹理性批判》是他的哲学名著。康德还是一名数学家、物理学家和天文学家,他在《自然通史和天体论》中提出了著名的星云假说。——译者注

② 罗素(Bertrand Russell, 1872—1970),英国哲学家、数学家和逻辑学家,致力于哲学的大众化、普及化,1950年获得诺贝尔文学奖。他对数学也有研究,曾提出著名的罗素悖论。——译者注

时代它是一个值得称赞的成就,但只是像托勒玫的天文学一样。"

巨大的转折出现在1847年,一个英国穷鞋匠的谦逊、自学成才的儿子布尔(George Boole, 1815—1864,如图8.1所示)发表了《逻辑的数学分析》(*The Mathematical Analysis of Logic*)一文。由于这篇论文以及其他文章,布尔被位于爱尔兰科克郡的皇后学院(现为大学学院)聘为数学教授(虽然他没有大学学位),在那里他写了专著《思维规律的研究——逻辑学和概率论的数学理论基础》(*An Investigation of the Laws of Thought, on Which are Founded the Mathematical Theories of Logic and Probabilities*, 1854)。虽然用符号代替形式逻辑中所用的所有词汇的基本概念在以前已有出现,但是布尔第一个建立了一个实用的体系。大体而言,在他那个世纪,既没有哲学家也没有数学家对这个非同一般的成就表现出多大的兴趣。或许这就是布尔对于数学怪癖取容忍态度的一个理由。他写了一篇署名为沃尔什(John

图8.1 布尔

Walsh)的关于科克奇想的文章(《哲学杂志》,1851年11月),这篇文章被德摩根[1]在其《悖论集》(*Budget of Paradoxes*)中称为"这是我所知道的一个这种类型的孤胆英雄的最好传记"。

布尔49岁时死于肺炎,留下了妻子和五个女儿。他的病是由于淋雨后仍穿着潮湿的衣服去上课,最终受了冷而引起的。格里奇曼(Norman Gridgeman)写了《赞美布尔》(*In Praise of Boole*)一书,给出了和这六位女士有关的一些令

① 德摩根(Augustus De Morgan, 1806—1871),英国数学家、逻辑学家。他在名著《悖论集》中明确陈述了德摩根定律(后面将提及),将数学归纳法的概念严格化。——译者注

人关心的情况。

　　布尔的妻子埃弗里斯特（Mary Everest）写了一些她丈夫的数学和教育观点的通俗书籍。有一本书的题目为《哲学和代数迷》(*The Philosophy and Fun of Algebra*)。布尔的大女儿嫁给了数学家和重婚者欣顿（Charles Hindon），他写了关于平面国的第一部小说①[参见我的著作《意料之外的绞刑》(*Unexpected Hanging*)第12章]，以及关于第四维的一些书籍。二女儿玛格丽特是泰勒爵士（Sir Geoffrey Taylor）的母亲，泰勒是剑桥大学的数学家。三女儿阿莉西亚被欣顿的高维空间漫游激发出了兴趣，在这一领域作出了一些有意义的发现。四女儿露西成为一名化学教授。小女儿埃塞尔·丽莲与一位波兰科学家伏尼契（Wilfrid Voynich）结婚，定居在曼哈顿，1960年埃塞尔在那里去世。她写过几本小说，包括在苏联家喻户晓的《牛虻》，并以此为基础改编成了三部戏剧，最近②在中国已经销售上百万册。"现代俄国人一直为这位伟大的英国小说家惊叹不已，"格里奇曼写道，"而西方人中很少有人知道埃塞尔·丽莲·伏尼契的名字。"

　　少数欣赏布尔天才的人——比如著名的德国数学家施罗德③，迅速改进了布尔的记号，这是因为布尔试图使他的系统与传统的代数相类似，所以这些记号显得有些笨拙。今日的布尔代数是指一个"不可解释的"能以所有类型的方法公理化的抽象结构，但本质上是布尔系统合理化的简化版本。"不可解释的"意为不能给此类结构符号赋予意义——不管是逻辑的、数学的，还是物质世

---

　　①《平面国》(*Flatland*)原是英国教师埃德温·阿博特（Edwin Abbott）写的一本中篇讽刺小说，1884年出版。此书中虽是用虚构的二维空间平面国国民来对维多利亚时代阶层制度做尖锐的讽刺，但更有意义的是对维度的考虑。故事发生在一个两维的国度。有一天，这个国家的居民，目睹了一个三维球体穿过它们两维空间的整个过程。——译者注

　　② 指20世纪五六十年代。——译者注

　　③ 施罗德（Ernst Schröder，1841—1902），德国数学家，主要研究领域是逻辑代数。他总结并推广了布尔、德摩根等人的工作。他在名著三卷本《逻辑代数讲义》(*Vorlesungen über die Algebra der Logik*)中将各种系统的形式逻辑统一了起来。——译者注

界的。

如同所有纯粹的抽象代数那样，能够给予布尔符号许多不同的解释。布尔本人按亚里士多德方法，把他的系统解释为一种类及其性质的代数，但是他极大地把古老的类的逻辑推广到三段论狭隘定义之外。由于布尔的记号已被放弃不用，现代布尔代数是用集合论符号来表示的，集合与布尔所称的类是相同的：任何单个"元素"的组合。集合可以是有限的，例如数字1、2、3，有着绿眼睛的奥马哈居民，立方体的顶角，太阳系的行星或事物的任何其他特殊集合。集合也可以是无限的，例如偶数的集合或所有星星的集合。如果我们确定了一个集合，这个集合可以有限或无限，并认为它所有子集（也包括此集合本身和没有任何元素的空集）彼此由包含关系相联系（如集合$\{1、2、3\}$包含在集合$\{1、2、3、4、5\}$之中），我们就能构造一个布尔集合代数。

这样一个代数的现代符号系统是用字母来表示集、子集、元素。"全集"是所考虑的元素的最大集合，符号为$\cup$。空集或零集记作$\varnothing$。集合a和b的"并集"（a和b中的每一个元素）符号为$\cup$，有时也称为"求并运算"（$\{1、2\}$和$\{3、4、5\}$的并集是$\{1、2、3、4、5\}$）。集合a和b的"交集"（a和b中的每一个共同元素）符号为$\cap$，有时也称为"求交运算"。（$\{1、2、3\}$和$\{3、4、5\}$的交集是$\{3\}$）。如果两个集合是等价的（例如，奇数集与所有除以2后余1的整数集等价），用符号=表示。集合a的补集——全集的所有不在a中的元素——用a'表示（对于全集$\{1、2、3、4、5\}$来说，集合$\{1、2\}$的补集是$\{3、4、5\}$）。最后，集合基本的二元关系——包含，用$\in$表示，$a \in b$意为a是b的成员。

从历史意义上来说，布尔的符号含有代表元素、类和子类的字母：1表示全类；0表示空类；+表示类的并（布尔用"排他"来指两个没有共同部分的类中的那些元素；在"包含"的意义上，第一个用此符号的是英国逻辑学家和经济学家

杰文斯[1]，这样做有许多益处，后来的逻辑学家都采用了它）；×表示类的交；=表示等价；还有减号-表示从一个集合中移去另一个。为了表示 a 的补集，布尔记为 $1-a$。布尔虽然没有类的包含记号，但能用其他方法来表示（例如 $a×b=a$，意味着 a 和 b 的交与所有的 a 等价）。

集合的布尔代数能够用文氏图[以英国逻辑学家维恩[2]的名字命名]优美地图形化表示出来，文氏图现在已在小学课程中介绍。文氏图是指平面点集拓扑学中解释布尔代数的图形。如图8.2所示，两个相互交叠的圆标记两个集合的并，图中一个集我们取10个个位数，另一个取头10个素数。两圆外面的区域是全集。通常将它包含在一个长方形的阴影区中，以表明它是一个空集；这是由于我们仅考虑两个圆中的元素，所以它是空的。此16个元素是这两个集合的并。交叠的区域是交集，由集合2、3、5、7组成，它们是头10个素数里的个位数。

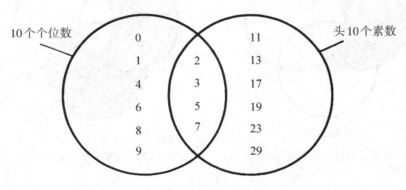

图8.2 集合相交的文氏图

---

① 杰文斯（William Stanley Jevons，1835—1882），英国政治经济学家和逻辑学家。他在研究政治经济学的同等权益时，在布尔的逻辑系统的基础上开始逻辑研究，但不局限于布尔的理论，而是对它作了改进和发展。——译者注

② 维恩（John Venn，1834—1923），英国数学家、逻辑学家和哲学家，发明了用于将事物分类的"文氏图"。文是维恩的另一音译。——译者注

采用任何阴影区域表示空集是惯例,这里我们看看有三个圆圈的文氏图是如何证明罗素曾轻蔑地提到的古代三段论。这些圆都有标记,指明是人、要死的和苏格拉底(一个只有一个成员的集合)等集合。第一个前提"所有人总是要死的",是在表示人的圆中涂上阴影,意思是指不死的人是个空集,如图8.3(左)。第二个前提"苏格拉底是人",类似地在表示苏格拉底的圆中涂上阴影,意思是所有的苏格拉底,即他本人,在圆中,如图8.3(右)所示。现在我们来观察此图,看看结论"苏格拉底是要死的"是否正确。所有的苏格拉底(他的圆中没有阴影的部分,用一个点标记)在总是要死的圆中。利用单封闭曲线的拓扑性质,我们有了一个与布尔集合代数同构的图形化方法。

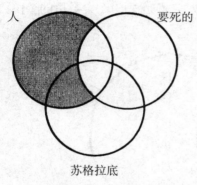 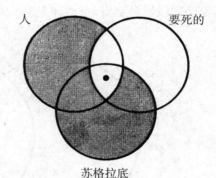

前提:"所有人总是要死的"　　前提:"苏格拉底是人"

图8.3

布尔代数的第一个重要的新解释是布尔自己提出的。他指出,如果他的1为真且0为假,演算就能够用于不论真假的陈述。布尔没有继续下去,但他的继承者这样做了。现在称此为命题演算。这是涉及真假陈述的演算,这种陈述是与如下二元关系相联系:"如果有p就有q";"或是p,或是q,但不是两者";"或是p,或是q,或是两者";"当且仅当有p才有q";"p和q两者都不是";等等。

与布尔集合代数符号对应的命题演算的符号,如图8.4所示。

布尔集合代数	命题演算
U(全集)	T(真)
∅(空集)	F(假)
$a, b, c, \cdots$(集,子集,元素)	$p, q, r, \cdots$(命题)
$a \cup b$(并:a和b的全体)	$p \vee q$(析取:或是p,或是q,或两者都是)
$a \cap b$(交:a和b的共同部分)	$p \wedge q$(合取:p和q两者都是)
$a = b$(等价:a和b相同的集)	$p \Leftrightarrow q$(等价:当且仅当p真,则q真)
a'(补集:不是a的U全体)	$\neg p$[①](否定:p是假的)
$a \in b$(包含:a是b的一个元素)	$p \supset q$(蕴涵:如果p真,则q真)

图8.4　布尔代数两种表示法中的对应符号

通过考虑关于苏格拉底的三段论可以容易地理解这两种解释的同构性。
"所有人都是要死的"有着类的属性或集合的包容性,我们可以代之以说"如果
x是一个人,则x总是要死的"。现在我们叙述两个命题并用一个叫做"蕴涵"的
"连接词"将它们连接起来。用文氏图将这句话图形化是与将"所有人都是要死
的"图形化一样的。事实上,命题演算中的所有两元关系都可用文氏图表示,这
些圆能被用来解决演算中的简单问题。令人感到羞愧的是,大部分介绍形式逻
辑的教科书还没有涉及这些内容。他们继续使用文氏图解释古老的类的包含
关系的逻辑,但是没有把它们应用到命题演算上去,在那里它们恰恰是有效
的。事实上,文氏图甚至更为有效,因为在命题演算中,人们不关心"存在判断
量词",它声称一个类是非空的,因为这个类至少有一个成员。这在传统逻辑学
中由词"有些"(如"有些苹果是青的")表示。为了应对这样的陈述,布尔必须将

---

① 原书中用 ∽ 表示否定,译文改为用 ¬ 表示否定。——译者注

他的代数与所有种类的复杂纽结紧密联系起来。

为了看一下文氏图是如何轻易解决某些类型的逻辑难题的,假设三个商人(艾伯纳、比尔和查理)在每个工作日共进午餐,他们遵循如下的逻辑前提:

1. 如果艾伯纳点了一杯马提尼酒,比尔也会这样做。

2. 比尔或查理总是点一杯马提尼酒,但他们两人从不同时点。

3. 艾伯纳或查理或两人总是点一杯马提尼酒。

4. 如果查理点了一杯马提尼酒,艾伯纳也会这样做。

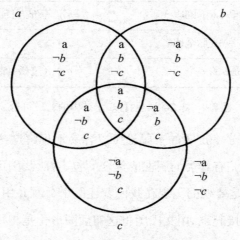

图8.5　用于解决马提尼问题的文氏图

为了用文氏图画出这些陈述,我们认为点一杯马提尼酒为真,不点为假。如图8.5所示,a、b、c代表艾伯纳、比尔和查理,这些被标记的交叠圆共分成八个区域,表示对于a、b、c为真的可能组合。因此,标记为a、$\neg b$、c的区域表示艾伯纳和查理点了马提尼,而比尔没有。看一看,如果你能用阴影将这四个前提的空集表示出来,就能研究其结果以确定他们三人一起进午餐时谁会点马提尼。

布尔代数还有许多其他的解释方法。它能被看作一种叫做环的抽象结构的特殊情况,也可看作另一类叫做格的抽象结构的特殊情况。它能够在组合

论、信息论、图论、矩阵论以及其他一般的演绎系统数学理论中加以解释。最近一些年来，最有用的解释是在开关理论中，该理论在设计电子计算机时至关重要，但并不仅限于电子网络。它可应用于任何类型沿着带有连接器件的通道的能量传输，这些器件控制着能量的通断，或者把它从一个通道转换到另一通道。

这种能量可以是在现代流体控制系统中流动的气体或液体，参见安格里斯特(Stanley W. Angrist)发表在《科学美国人》1964年12月一期上的文章《流体控制器件》。它可以是光线，它可以是杰文斯为解决布尔代数中的四项问题而发明的逻辑机器中的机械能，它可以是现在市场供应的几种类似计算机的玩具中滚动的弹珠，这些玩具有尼姆(Nim)博士、思道(Think-a-Dot)以及数康Ⅱ(Digi Comp II)。而且，如果别的行星上的居民有高度发展的嗅觉，那么他们的计算机可以使用通过管道传输的香味探测出口。只要存在能量沿着管道传输或不沿着管道传输的问题，那么在这两个状态以及命题演算的两个真值之间就存在着一种同构。如图8.6所示为三个简单的例子。最下面的电路是用两个离开一段距离的开关来控制一盏电灯。容易看出，如果电灯是灭的，只要改变任何一只开关的状态就能点亮电灯；如果电灯是亮着的，改变两只开关的任何一只状态，都能灭灯。

布尔代数的这种电路解释，早在1910年就由埃伦费斯特[1]在一本俄国杂志上提了出来，1936年在日本也被独立地提出，但是第一篇主要的论文是香农[2]发表在《美国电气工程师学会会刊》(*Transactions of the American Institute of Electrical Engineers*)1937年12月第57卷上的《继电器和开关电流的符号分

---

① 埃伦费斯特(Paul S. Ehrenfest, 1880—1933)，奥地利数学家、物理学家，爱因斯坦和玻尔的密友，在量子力学、统计物理等多个领域有重大贡献，1933年自杀身亡。——译者注

② 香农(Claude E. Shannon, 1916—2001)，美国数学家、电子工程师和密码学家，被誉为信息论的创始人。——译者注

"与"门电路：电灯只有在两个开关 a 和 b 都闭合时才亮。

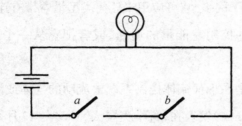

"或"门电路：电灯只要开关 a 或 b 闭合或两者都闭合时就亮。

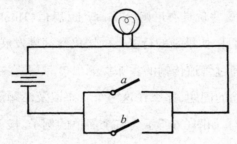

"异"门电路：电灯只有在开关 a 或 b 闭合且不都闭合时才亮。

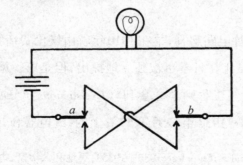

图8.6　三种二元关系的电路

析》，该文给计算机设计者介绍了这种解释，也是香农在麻省理工学院的硕士论文。

由于香农论文的发表，布尔代数成为计算机设计不可或缺的理论。它在简化电路以节约硬件方面特别有价值。电路首先被转换为符号逻辑中的一个陈述，用聪明的方法把这个陈述"最小化"，并把这个更简单的陈述再转回到设计更简单的电路中去。当然，在现在的计算机中，开关不再是磁性元件或真空二极管，而是晶体管和其他小型半导体[①]。

现在来看一个布尔代数最后的解释，这个解释很奇特。考虑下面一组八个数字：1、2、3、5、6、10、15、30。它们是30的约数，包括1和30。我们将"并"解释为任何一对这些数字的最小公倍数，将"交"视为它们的最小公约数。集合间的包含关系成了"是一个约数"的关系。全集是30，空集是1。数字 a 的补集是 $\frac{30}{a}$。布尔关系的这些新奇的解释，使我们得到了一个一致的布尔结构！在这个基于30的约数的稀奇例子中，布尔代数的所有定理都有它们的对应物。例如，在布尔代数中 a 的补集的补集就是 a，或者命题演算中否定之否定就是不否定。更通俗地说，只有一系列奇数的否定才是否定。让我们把这条布尔定律应用于3，它的补集是 $\frac{30}{3}=10$。10的补集是 $\frac{30}{10}=3$，这又把我们带回到3。

有两个著名的被称为德摩根定律的布尔定律。在集合代数中，它们是：

$$(a\cup b)' = a'\cap b'$$
$$(a\cap b)' = a'\cup b'.$$

在命题演算中它们是：

$$\neg (a\vee b) \equiv \neg a\wedge \neg b$$
$$\neg (a\wedge b) \equiv \neg a\vee \neg b.$$

① 这是20世纪70年代的情况。——译者注

如果用 a、b 代替 30 的任何两个约数,你会发现德摩根定律成立。德摩根定律成对这一事实说明了布尔代数著名的对偶原理。如果在任何的陈述中,把并和交(无论并在哪里出现)以及把全集和空集对换,并且也把集合包含的方向反转,所得结果就是另一个有效的定律。而且,这些变化可以沿着一个定律的证明步骤得出,提供另一条定律的有效证明!(关于线和点相互对换,射影几何中有一个同样优美的对偶原理。)

当以同样的方法解释数字 1、2、3、5、6、7、10、14、15、21、30、35、42、70、105、210——210 的 16 个约数——时,也形成一个布尔代数,当然现在 210 是全集,a 的补集是 $\dfrac{210}{a}$。读者能否发现一个简单方法能生成一个 2^n 个数目的集合,其中 n 是任意的正整数,它将形成这种独特类型的布尔系统?

答　案

如图 8.7 所示,为了解决三个人共进午餐的问题,图中的三个文氏圆被涂上了阴影。在头四个图中,每一个都涂上了阴影,以表示这个问题四个前提中的一个。将这四个图叠加起来形成了最后的一个图,它表示如果四个前提正确,则真值的仅有可能组合是 a、b、$\neg c$,即 a 真、b 真、c 假。因为我们已经把真等同于点一杯马提尼,这就意味着艾伯纳和比尔总是点一杯马提尼,而查理从来不点。

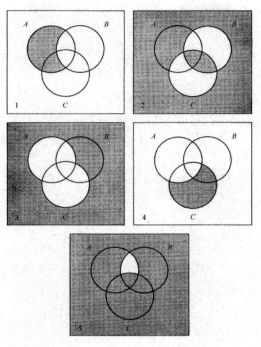

图8.7　用于解决马提尼问题的文氏图

产生 2^n 个整数形成布尔代数的方法是帕克（Francis D. Parker）在《美国数学月刊》（*The American Mathematical Monthly*）1960年3月刊第268页上给出的。考虑一个任何数目的不同素数的集合，例如2、3、5。写下这三个素数的所有子集的乘积，包括0（空集）和三素数原来的集合。将0变更为1。这就产生了集合1、2、3、5、6、10、15、30，这就有了第一个例子。用类似的方法，由四个素数将产生第二个例子，210的 $2^4 = 16$ 个约数。所有此类集合均给出了布尔代数，其证明可在古德斯坦（R. L. Goodstein）的《布尔代数》（*Boolean Algebra*）一书第126页问题10的答案中找到。

第 9 章

机器能思考吗?

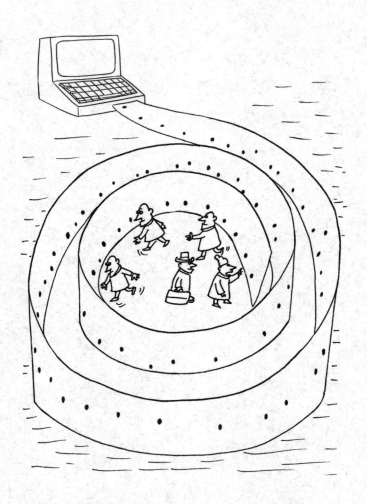

有段时间人们认为,机器通过声音获得它们所需的信息是不大可能的,即使通过人的耳朵;我们能不能设想这样的一天会到来,那时不再需要人的耳朵,机器自己结构的精巧使它有此听力?——那时它的语言将会从动物的叫声发展到像我们自己一样复杂的演说?

——巴特勒[1],《埃瑞璜》(*Erewhon*)

---

① 巴特勒(Samuel Butler, 1835—1902),英国的一位反传统作者。他的名著《埃瑞璜》是维多利亚时代的一本讽刺小说,1872年出版。Erewhon为变换nowhere(不存在的地方)的字母位置所构成。该书中有三章是巴特勒从由发表在报刊上的一些文章组成的书籍《机器之书》发展而成的。提出了"机器有可能从达尔文选择法则发展出意识来。"因而被认为是研究人工智能的第一人。——译者注

1954 年,42岁的英国数学家图灵[①]去世,他是早期计算机科学家中最具创造性的一位。今日,他最为人所知的是图灵机概念。我们将快速浏览一下此类机器,然后考虑图灵比较不太著名的概念之一——图灵游戏——一种导致深度的而且尚未解决的哲学争论的游戏。

图灵机是一台能够扫描无限长方格带子的"黑匣子"(一种没有说明机制的机器)。这只黑匣子可以有任意个有限数目的状态。此带子的一个有限片段是由非空方格组成,每个方格带有数目有限的符号中的一个。当此黑匣子扫描到一个方格时,它能够保持符号不变、擦除此符号、擦除此符号并写上另一符号或在空格中写上符号。之后这条纸带向左或向右移动一格,或保持不动;而黑匣子或是保持同样状态,或咔嗒一声进入一个不同状态。

一张列出规则的表格,描述了此黑匣子对于符号和状态的每一个可实现组合是如何操作的。这张表格完全确定了一台特定的图灵机。有可计数的(阿列夫零)无限台图灵机,每一台为一个特殊任务而设计,而对于每一个任务,机器的结构可以让符号、状态和规则在一个宽广的范围内变化。

①图灵(Alan Mathison Turing, 1912—1954),英国数学家、逻辑学家,世界计算机科学的先驱。图灵对于发展人工智能有许多重大贡献,例如,提出了图灵机的概念和用于判定机器是否具有智能的图灵测试。本章的标题就是他提出图灵测试的那篇论文的题目。——译者注

　　抓住图灵机本质的一个好方法是做一次哪怕微不足道的操作,如图9.1所示。纸带上八个方格被标记为1 1 1 1 + 1 1 1,代表在"一元"系统中的4和3的相加,在"一元"系统中整数n被记作n个1。为了制造这台机器,画一个小方块(黑匣子),在其中间切出两条狭缝,使得纸带可以如图所示插入小方块。调节纸带使得第一个1可以见到。如图下部所示的表格给出了所必需的规则。

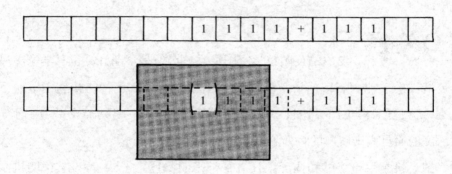

	状态A	状态B
1	1. 擦去1。 2. 扫描右边的下一个格子。 3. 进入状态B。	1. 扫描右边的下一个格子。 2. 保持在状态B。
+		1. 擦去 + 号。 2. 写上1。 3. 停止。

图9.1　加法的图灵机

　　假定机器开始处于状态A。查看一下此表格中的符号1和状态A的组合,那就是说:擦去1,将纸带往左边移(以使黑匣子扫描右边的下一个格子)以及假定机器咔嗒一声进入状态B。持续这样做,直至此表格告诉你停止。

如果你正确地按这些规则操作,该机器将会擦去第一个1,然后把纸带一格一格地向左移直至到达+号,把+号改为1后停止,纸带则显示出1 1 1 1 1 1 1或7。这些简单的规则明显地将此装置编程,从而把任何一对不管多大的正整数相加。

当然,相加是一个冗长乏味的过程,但是图灵的理念是要把机器计算减少成一种简单的、抽象的模式,使得它能容易地分析所有类型的棘手理论问题,诸如什么问题能够计算或什么问题不能计算。图灵指出他的理想化装置能够编程,以笨拙的方式去做最强大的电子计算机所能做的任何事情。如同任何计算机——以及人脑———一样,它也会被某些计算(诸如π的计算)需要无限多步骤的事实以及有些问题在原理上是无解的事实所限制,根本不存在哪种算法或有效过程可以用来解决这些问题。“通用图灵机”是一台能做任何一台用于特殊目的图灵机能做的事情的机器。简而言之,它能够计算任何可以计算的事情。

1950年,图灵的文章《计算机器与智能》发表在英国哲学杂志《心灵》上。之后,又有多本选集重印了这篇文章,包括纽曼(James R. Newman)的《数学世界》(*The World of Mathematics*)。“我建议,”图灵开始提出,“考虑这一问题:‘机器能思考吗?’”图灵断定,这个问题太过于模糊了,不能得出一个有意义的回答。他建议用一个相关的、但更为精确的问题来代替:能够教会一台计算机去赢得“模仿游戏”、现在通常称作图灵游戏或图灵测试吗?

图灵基于一个室内游戏进行他的测试,在这个游戏中,一个男人隐藏在一个房间内,一个女人藏在另一房间内。一个不知情的询问者问隐藏的游戏参加者一些问题,这些问题由一位中间人转达,答案由打印传出。每一个游戏参加者都试图使询问者相信他或她是,譬如说,女的。如果询问者正确地猜出谁的回答真实,他就赢了。

图灵说,假定我们用一台学习机代替一个游戏参加者,这台机器已被教会用一种通常的语言交谈,譬如英语。当此机器和它的人类搭档都试图使询问者相信他、她或者它是人类时,它是否能够成功欺骗提问者?

以下几个连续的提问模糊了"欺骗"的意义。允许交谈多长时间?询问者的智力如何?那个挑战机器的人的智力如何?现在,如果提问者是个小孩且只允许提少量的问题,计算机通过图灵测试是可能的。将来可能不会有戏剧性的突破,就像人类的进化可能不会出现戏剧性的突破那样。可以逐步地改进对话的机器,以至于它能与日益聪明的询问者逐渐延长谈话时间,才会被击败。或许有一天只要一台发问的计算机就能总是猜测正确。图灵本人做了一个谨慎的预言。他写道,到2000年左右,计算机能够流利地说话,在"大约5分钟"谈话后,至少有30%的机会,足以欺骗一个"平均智力的询问者"。他想象出下面一段典型的谈话:

问:请以福斯桥①为题写一首十四行诗给我。

答:在这方面请别把我算在内,我从未写过诗。

问:34 957 加 70 764。

答:(停了大约30秒钟,然后给出答案)105 721。

问:你下棋吗?

答:我下。

问:我有国王在 K1 处,没有其他棋子。你仅有国王在 K6 处且车在 R1 处。现在该你走了。你将怎样走?

答:(停顿15秒钟后)车-R8,将。

① 福斯桥(Forth Bridge),是爱丁堡城北福斯河上的悬臂式铁路桥,全长2528.7米,1882年兴建,1890年3月4日建成通车,现仍在使用,是现代桥梁史上的一个重要里程碑。——译者注

许多程序使计算机能够模仿现在的英语交谈。麻省理工学院的一位工程师魏泽鲍姆[1]写了一个伊莱扎(Eliza),那是以萧伯纳《卖花女》(*Pygmalion*)中的杜立德(Eliza Doolittle)的名字起的名。《纽约时报》1968年6月15日报道了一位女士与一台IBM 7094计算机的打印交谈,这台计算机扮演了一位心理医生的角色:

女:男人都是差不多的。

机:从哪方面来说?

女:他们总是为这样那样的事情来打扰我们。

机:你能举个特殊的例子吗?

女:好,是我男朋友让我过来的。

机:是你男朋友让你过来的?

女:他说我这段时间有些压抑。

机:很抱歉,听到你有些压抑。

女:是真的,我不太愉快。

机:你是否认为来这里将帮助你改善不愉快?

女:我需要一些帮助,那是肯定的。

机:如果你要得到帮助,那是些什么帮助呢?

女:或许我可以学会如何与我母亲单独相处。

机:多告诉我一些你家的事情。

---

① 魏泽鲍姆(Joseph Weizenbaum, 1923—2008),德国计算机学家,美国麻省理工学院教授。伊莱扎是他1966年编写的一个相对简单的人机对话程序,试图模拟一个心理医生治疗病人时的对话过程。伊莱扎被称为是第一个聊天机器人。——译者注

女：我的母亲照料我。

机：在你家里还有谁照料你？

女：我父亲。

机：你父亲？

女：在某些方面，你有些像我父亲。

机：你看到有哪些相似之处？

女：你不那么咄咄逼人，但我认为你不希望我会注意到这一点。

机：你怎么会认为我不那么咄咄逼人？

女：你不与我争论。

这样的交谈以类似条理继续着，这与病人和一位全科临床医生之间的对话并不能区分。这个程序甚至还不是一个学习程序。魏泽鲍姆已经承认，计算机并不"懂得"它说的任何事情。它当然不能通过图灵测试。但是，在2000年左右，计算机应能玩图灵游戏并且能下棋。如果这样，这将能揭示出机器"思考"的本质吗？

克拉克①小说《2001太空漫游》(*2001：A Space Odyssey*)的读者可能记得HAL,

---

① 克拉克(Arhtur C. Clark, 1917—2008)，英国著名科幻小说作家。《2001太空漫游》1968年出版，是他最为著名的科幻小说之一。同年被拍成电影，同样成为最著名的科幻电影之一。《2001：太空漫游》中有一台HAL 9000计算机，由于在人类创造它时，对它的内部运行机制无法完全理解，所以无法完全掌控它，导致后来它一步步把人类推向危险之中。——译者注

一台与空间飞船交谈的计算机,它被认为是能"思考"的,因为它能"容易地通过图灵测试"。HAL代表启发式编程算法计算机(*h*euristically programmed **al**gorithmic),但是克拉克起这个名的时候可能还带有一些狡猾的文字游戏性质,你能猜测出是什么吗?HAL是真正地思考,还是仅仅东施效颦?图灵相信,当计算机交谈足够好地通过他的测试时,人们会毫不犹豫地说计算机正在思考。

许多复杂的问题马上就冒了出来。这样的计算机是自觉的吗?它有情感吗?有幽默感吗?简言之,它能被称作"人"吗?抑或它仅仅只是一台模仿人的没有生命的机器?鲍姆(L. Frank Baum)描写的嘀嗒–嘀嗒(Tiktok)①是一个装有发条的机器人,它能"思考、说话、行动,以及做任何事情但没有生命"。

当然,计算机通过图灵测试的能力仅仅证明计算机可以很好地模拟人类语言足够通过这一测试。假设某个中年人提出了下面的"郁金香测试"。如果只允许看看,能不能制作出一朵与真实郁金香无法区别的人造郁金香?假郁金香可以通过图灵测试,但这并没有告诉我们有关化学家能够合成有机化合物或制造一朵长得像郁金香那样的花的任何事情。就像我们触摸到我们认为是一朵花的东西并惊叫"啊——它是人造的!"一样。与一个我们认为是人的东西长时间聊天后,开门一看,竟然发现那是一台计算机,当这样的一天来临时,似乎一点也不会惊奇。

甘德森(Keith Gunderson)在1964年的一篇重要文章中,批评图灵以此方法表达这一点时过于夸大了他的测试的意义。"结果是,蒸汽钻比作为铁路隧道挖掘工的亨利活得还要长,不过这并不证明机器有肌肉,只是证明了挖掘铁路隧道并不需要肌肉。"

---

① 鲍姆(1856—1919),美国作家、演员、报纸编辑。1900年发表的小说《绿野仙踪》是美国最著名的儿童文学作品。后来,他又写了一系列童话小说,文中提到的嘀嗒–嘀嗒是系列小说《欧芝国的嘀嗒–嘀嗒》(*Tik-Tok of Oz*)中的机器人。——译者注

斯克里文(Michael Scriven)在其讲座中给了图灵测试一个奇妙转折,其讲稿以《机器人大全:安卓学导论》①为题,重印在胡克②编辑的《思维的维数》(*Dimension of Mind*)中。斯克里文承认对话的能力并不能证明计算机具有"人"的其他属性。但是,设想教一台聊天计算机懂得了"真实"的含义[比如,按塔斯基③精确作出的类似意义],并被编程使它不能撒谎。"这使得机器人不适宜作仆人、广告文字撰稿人或政客,"斯克里文说道,"但可以让它做其他工作。"我们现在可以问问它是否意识到自己的存在,是否有感情,是否理解一些玩笑的风趣之处,是否可以按自己的意志行事,是否欣赏济慈的诗等,并且等它给出正确的回答。

"斯克里文机器"(这是几个批评斯克里文文章的哲学家中的一位所称的,这些批评刊登在胡克编辑的那本书的另一篇文章中)对这些问题都说不的可能是存在的。斯克里文争辩说,但是如果它给出的回答都说是,我们就有了更多的理由相信它,就像我们已经相信的一个人那样,再也没有理由不把它称作"人"。

哲学家们并不同意图灵和斯克里文的论证。在一篇题为《作为说谎者的超级计算机》的文章中,斯克里文回答了对他的一些批评。阿德勒④在他的书《人 的 差 别 及 其 造 成 的 差 别》(*The Difference of Man and the Difference It Makes*)中提出,图灵测试是一件"要么包罗万象、要么空无一物的事",而且使计算机在通过测试方面的成功或继续失败,将加强或弱化如下的观点:人与

---

① 安卓(Android)是一个以 Linux 为基础的操作系统,主要用于移动设备。其名来源于法国作家亚当(August Villiers de I'Isle-Adam)的科幻小说《未来夏娃》(*L'Ève Future*)中外表像人的机器人。——译者注

② 胡克(Sidney Hook, 1902—1989),美国实用主义派哲学家,对历史哲学、教育哲学、政治理论和道德哲学等都有贡献。——译者注

③ 塔斯基(Alfred Tarski, 1901—1983),美国著名逻辑学家和数学家。逻辑学家们将他的成就与亚里士多德、弗雷格、罗素和哥德尔等相提并论。——译者注

④ 阿德勒(Mortimer J. Adler, 1902—2001),美国哲学家、教育家和科普作家。——译者注

任何可能类型的机器以及任何近似人类的动物在本质上是不同的。

聊天机真正改变了持有此类观点的人的信念吗?不难想象,50年后有一档来宾与机器人卡森(Johnny Carson)①的即兴电视节目,人类在机器人卡森的记忆中已经存储了上百万个笑话并且教会了它掌握人类发笑的时机的艺术。我怀疑,任何一个认为计算机比一个被下棋机器人击败的人更有幽默感的人,会认为与他下棋的机器根本不同于玩井字游戏的计算机。语法和语义学的规则并不是完全与下棋的规则不同的。

争论在继续,在某种程度上被形而上学、宗教信仰和复杂的语言学问题搞复杂了。所以古老的关于思维、身体以及个性特征的难解之谜正在被一种新的术语重新阐述。很难预料会越过什么样的界限,以及此种跨越对机器人——如它愿意的那样——未来在思考、说话和像人类一样活动的能力上的改进所引起的基本哲学观点上的不一致将会产生何种影响。

巴特勒在《埃瑞璜》中解释为什么埃瑞璜人在机器从仆人变成主人前捣毁了机器的章节。这在100年前是作为牵强附会的讽刺小说被人们阅读的,今天读来它们像是清醒的预言。"根据现在机器鲜有意识的事实来反对机器意识的最终发展是没有任何保险的,"巴特勒写道,"一只软体动物没有多少意识。与过去几百年里机器非同寻常的发展相比,动物和植物界的发展是何等慢。更加高度组织化的机器,在昨天,甚至直到刚过去的五分钟前,所以说,与过去的时代相比,还是远不那么像人。"

---

① 卡森原是美国著名的节目主持人、喜剧演员,曾主持美国全国广播公司(NBC)著名脱口秀节目《今夜秀》(*Tonight Show*)长达30年。这里借用他的姓名作为机器人的名字。——译者注

如果把HAL的每一个字母在字母表中向后移动一个，结果就是IBM。因为在HAL的显示终端中可以见到IBM的商标，每个人都会认为这种字母的移动是克拉克故意而为的。但克拉克曾经向我保证，那完全是个意外，当这样的移动第一次引起他的注意时，他非常吃惊。

第 ⑩ 章

循 环 数

数字 142 857，以数论为消遣的学生立刻就会认出，这是个最为引人注目的整数之一。除去平淡无奇的 1 外，它是最小的"循环数"。循环数是一个具有不寻常性质的 n 位整数：当用从 1 到 n 任何整数乘以它，其乘积仍包含原来数的 n 个数字，而且循环的次序相同。考虑把 142 857 首尾相连成为圆链。将此圆链在六个点断开并拉直，于是形成了六个六位数，它们是原来数字的六个循环排列：

$$1 \times 142\ 857 = 142\ 857$$

$$2 \times 142\ 857 = 285\ 714$$

$$3 \times 142\ 857 = 428\ 571$$

$$4 \times 142\ 857 = 571\ 428$$

$$5 \times 142\ 857 = 714\ 285$$

$$6 \times 142\ 857 = 857\ 142$$

这六个乘积的循环性质长期吸引了魔术师的兴趣，许多巧妙的数学预言戏法也是以它为基础的。这里有一个例子：

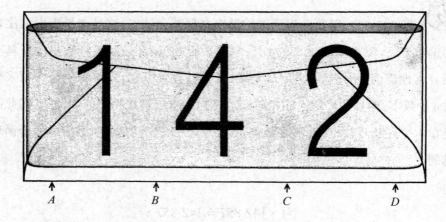

图10.1 首尾相连的纸带(上)被放置在信封里(下),
供作预言的小把戏用

准备一副扑克牌,取出九张黑桃数字牌,把它们置于这副牌的底部,从下向上依次是1,4,2,8,5,7,接着是剩下的三张牌,次序任意。这个戏法你预言的结果是142 857,用大字体把它写在字条上,这张字条的长度是它将被放入的信封的两倍。将此字条的两端粘起来,有数字的一面向外,然后将它压平,如图10.1所示,将这张压平的字条圈密封在信封中。

当然你已经记住,142 857的头三个数字在纸条圈的上面,后三个数字在

纸条圈的后面。然后,用剪刀在这个信封标记着A,B,C,D的四个点中的一点处剪开。如果在A或D处剪开,即在纸条圈的端点剪开,当把纸条从信封里抽出,上面出现的是142 857或857 142。在B,C处剪开,就得到另外四个排列。开始时只剪纸带下面的信封部分,继续剪时,要确保只是用剪刀剪纸带圈和信封的上面部分。依此方法,你能够从剪开的口子里抽出纸条,上面有数字428 571或285 714。对于剩下的两个排列,只要简单地将信封翻转,在另一面按相同的步骤操作就可得到。这种剪开信封从中抽出一纸条,上面显示142 857六个循环排列的方法是纽约市的施瓦兹(Samuel Schwartz)设计的,他是一名律师以及业余魔术师。他用的是能使观众看到纸带上数字的窗口式信封,以及一些稍微不同的准备和操作,不过在本质上是相同的。

在戏法开始时,把密封了你所预言数字的信封交给一人。准备牌时,请他用完美洗牌法(这是一种常用的洗牌法,把一副牌分成两叠,然后把这两叠牌弹洗在一起,呈交错排列)洗牌两次,洗牌时让他将此信封交给另一个人。经两次洗牌后,这九张黑桃在这副牌中被分散、弓起,但它们的顺序并没有被打乱。你解释说,为了得到一个随机的六位数,将把这副洗过的牌牌面向上,从中取出头六张具有数字值的黑桃,这些数字是1,4,2,8,5,7,把这六张牌排成一行放在桌上。现在掷骰子,就是一个从1到6的随机数发生器。甚至更好的是,你可以给某个人一枚想象的骰子,请他掷这颗看不见的骰子,并把他"看到"的顶上数字告诉你。然后,用这个数字乘以142 857。恰当地剪开信封(为了决定在哪里剪开,将所选的数字乘以7,以得到乘积的后一位数字),然后抽出纸条以证明你已经正确地预言了这个乘积。

142 857也为许多其他神奇的数学戏法所用。所有这些戏法的缺点是观众可能会注意到数字142 857将重复出现在你的预言中,而且这个神奇数字本身现在也日益为人们所熟悉。对于这一点,有一种方法可以使用,那就是不用

142 857,而用它除以一个因子所得的商。例如,$\dfrac{142\,857}{3} = 47\,619$,47 619不与 1,2,3,4,5或6相乘,代之以这六个数与3相乘获得的乘积中的任何一个[①]。当 然,结果也将是142 857的循环排列。你也可以使用$\dfrac{142\,857}{9} = 15\,873$,将它乘 以9与这六个数相乘获得的乘积中的任何一个;或者用$\dfrac{142\,857}{11} = 12\,987$,将 它乘以11,22,33,44,55或66,如此等等。

许多世纪前,当数学家第一次知道了142 857具有循环特征时,他们就开 始寻找更大的具有同样古怪性质的数。沿着这条线的早期工作被总结在迪克 森[②]《数论史》(*History of the Theory of Numbers*)第6章中,自从1919年该数论历 史书籍第一次问世后,已经有数十篇与这个问题有关的文章了。所有的循环数 被证明是某些素数倒数的重复小数(也称循环小数、环流小数或周期小数)中 的周期段(有时称作循环节)。7的倒数即$\dfrac{1}{7}$产生了重复小数0.142 857 142 857 142 857…。注意此周期的数字位数是小于7的,7是产生它的数。这为找到 更高的循环提供了一种方法。如果p为素数,而$\dfrac{1}{p}$产生了一个周期为p-1位的 重复小数,那么这个重复小数周期段是个循环数。下一个较大的能生成这种数 的素数是17,它的重复周期段是16位的循环数058 823 529 411 764 7。它与从 1到16任何一个数的乘积,将以相同的循环次序重复这个16位的数。所有由比 7大的素数产生的循环数一定是由一个或多个0开头的。如果这些数用于预言 类的戏法或者减轻计算量的噱头,开头的几个0可以去掉——当然,只要你记 住在最后的结果中把它们插到适当的位置上去。

---

① 即乘以3,6,9,12,15,18。——译者注

② 迪克森(Leonard Eugene Dickson, 1874—1954),美国数学家,抽象代数研究先驱。 《数论史》有三卷,至今仍是数论史方面的重要书籍。——译者注

　　恰好能生成循环数的九个小于100的素数是：7，17，19，23，29，47，59，61，97。在19世纪，人们发现了许多更大的循环数。尚克斯(William Shanks)最为著名的工作是把π计算到707位小数，发现了由$\frac{1}{17\,389}$生成的循环数，并(正确地)计算了它的第17 388位数。

　　没有一个分母为d的分数能有一个位数比$d-1$更长的重复周期。因为最大长度的重复周期只有当d为素数时才能达到，这是从循环数等价于一个整数的倒数的最大长度的周期段得到的。这很容易看出为什么$d-1$给出了最长的可能周期。当1.000…除以d时，在除法的每一步中，余数的可能位数只有$d-1$。当一个余数被重复了，周期就立即开始，因而没有一个分母为d的分数能有位数比$d-1$更长的重复周期。这也容易看出为什么这样一个最大长度的周期段是循环的。比如$\frac{8}{17}$，因为每一个可能的余数都在1除以17的过程中出现过，所以当8除以17时，循环只是在不同位置开始而已。当然，你得到了与重复小数周期段中相同的数字循环次序。将由$\frac{1}{17}$产生的循环数乘以8，就得到了与$\frac{8}{17}$的周期段相同的循环数，因此得出此乘积一定是与$\frac{1}{17}$的周期段相同的16个数字的一个循环排列。

　　尚不知道有任何非递归公式能自动生成所有的倒数具有最大周期长度(因而生成所有的循环数)的素数，但是有许多能够简化此类素数的识别和它们的计算机搜索程序的技巧。现在还不知道是否有无限多个能产生循环数的素数，但是据猜测，似乎是高度可能的。在耶茨(Samuel Yates)的一个有价值的表格中，列出了到1 370 471为止的所有素数的周期长度，大约有$\frac{3}{8}$的素数是这种类型的。这个比例一直相当恒定地保持着，并可合理地猜测这对所有的素数都成立。

　　当一个循环数乘上生成它的素数，其积总是一排9。例如，142 857乘以7是

133

999 999。这提供了寻找循环数的方法：将一排9除以一个素数p，直到除尽为止。如果商的位数是$p-1$，它就是一个循环数。还有一个很少有人想到的事实：一个循环数，把它从中切成两段，然后将这两个数字加起来，则和是一排9。例如，142 + 857 = 999。另一个例子，把由 $\frac{1}{17}$ 生成的循环数分成两半段，然后相加：

$$05\ 882\ 352$$

$$\underline{94\ 117\ 647}$$

$$99\ 999\ 999$$

这个令人惊奇的性质是"米迪定理"的一个特例，迪克森相信是米迪（E. Midy）1836年在法国发现的。该定理说，如果重复小数 $\frac{a}{p}$（在这里，p是素数，$\frac{a}{p}$被约到最简项）的周期段是偶数位的，则它被分成两半段后的两部分之和是一串9。某些素数，如11，有偶数位的长度但不是循环数的周期段，也还是有一串9的这种性质。另一些素数，如3和31，有奇数长度的周期。然而，循环数的长度都是偶数位的，就不能用米迪定理。记住这个定理是有好处的，因为如果你正在用除法以得到一个循环数，你只要除到一半就可以了。只要简单地想一想已经得到的这些数与9的差，你就能够迅速地写出其余的数字。当然，根据米迪定理立即就可推出所有的循环数都是9的倍数。对米迪定理的基本证明感兴趣的读者，可以在拉德梅克（Hans Rademacher）和特普利茨（Otto Toeplitz）的《数学的乐趣》（*The Enjoyment of Mathematics*，1957）第158—160页中找到。另一个证明由莱维特（W. G. Leavitt）在《关于重复小数的一条定理》一文中给出，该文发表在《美国数学月刊》1967年6—7月号的第669—673页上。

循环数还有许多其他的奇异性质，有兴趣的读者可以自己去找找。我只再多提一个。每一个循环数可有许多方法从一个写成对角形式的无限算术过程之和来生成。例如，从14开始，每一步是上个数的两倍，并向右移两个数字：

$$14$$
$$28$$
$$56$$
$$112$$
$$224$$
$$448$$
$$896$$
$$\vdots$$
$$\vdots$$
$$\vdots$$

$$142857142857\cdots$$

这个数重复了最小的非平凡循环数①。另一个得到相同循环数的方法是从7开始沿对角线向左下方移动,每一步乘以5并保持右边的数字沿对角线:

$$7$$
$$35$$
$$175$$
$$875$$
$$4375$$
$$\vdots$$
$$\vdots$$
$$\vdots$$

$$\cdots 142857$$

① 即 142 857。——译者注

对简单的二倍级数1,2,4,8,16,32,…运用同样的步骤，将得出 $\frac{1}{19}$ 的周期，即第三个循环数：052 631 578 947 368 421。沿对角线把三倍级数01,03,09,27,81,… 向右下方写，每一步向右移两个数字，其和将重复 $\frac{1}{97}$ 的周期段，即小于100的素数所生成的最大循环数。

我想以提一个问题来结束这一仅仅涵盖循环数一小部分神奇性质的简单讨论，读者能发现 $\frac{1}{13}$ 的周期循环性质吗？此周期段076 923并不是一个真正的循环数，可以称它为一个二阶循环数。其答案开创了一个研究的新领域，它与我们已经考虑过的、更为熟悉的一阶循环数密切相关。

附　录

沃德(John W. Ward)使我注意到图10.2所示的完美幻方。它出现在安德

1/19	=	.0	5	2	6	3	1	5	7	8	9	4	7	3	6	8	4	2	1
2/19	=	.1	0	5	2	6	3	1	5	7	8	9	4	7	3	6	8	4	2
3/19	=	.1	5	7	8	9	4	7	3	6	8	4	2	1	0	5	2	6	3
4/19	=	.2	1	0	5	2	6	3	1	5	7	8	9	4	7	3	6	8	4
5/19	=	.2	6	3	1	5	7	8	9	4	7	3	6	8	4	2	1	0	5
6/19	=	.3	1	5	7	8	9	4	7	3	6	8	4	2	1	0	5	2	6
7/19	=	.3	6	8	4	2	1	0	5	2	6	3	1	5	7	8	9	4	7
8/19	=	.4	2	1	0	5	2	6	3	1	5	7	8	9	4	7	3	6	8
9/19	=	.4	7	3	6	8	4	2	1	0	5	2	6	3	1	5	7	8	9
10/19	=	.5	2	6	3	1	5	7	8	9	4	7	3	6	8	4	2	1	0
11/19	=	.5	7	8	9	4	7	3	6	8	4	2	1	0	5	2	6	3	1
12/19	=	.6	3	1	5	7	8	9	4	7	3	6	8	4	2	1	0	5	2
13/19	=	.6	8	4	2	1	0	5	2	6	3	1	5	7	8	9	4	7	3
14/19	=	.7	3	6	8	4	2	1	0	5	2	6	3	1	5	7	8	9	4
15/19	=	.7	8	9	4	7	3	6	8	4	2	1	0	5	2	6	3	1	5
16/19	=	.8	4	2	1	0	5	2	6	3	1	5	7	8	9	4	7	3	6
17/19	=	.8	9	4	7	3	6	8	4	2	1	0	5	2	6	3	1	5	7
18/19	=	.9	4	7	3	6	8	4	2	1	0	5	2	6	3	1	5	7	8

图10.2　一个循环数生成的完美幻方

鲁斯(W. S. Andrews)1917年的著作《幻方和立方体》的第176页上,是多佛出版社的平装本,现在仍能看到。这个方阵是基于 $\frac{1}{19}$ 的循环数列出的。所有的行、列、对角线上的数字相加均为81。

现在已经明确,任何循环数都将提供一个方阵,它的行和列都有神奇性质,但是沃德发现,这里的方阵还包含两个主对角线,这是独一无二的。正如安德鲁斯表达的:"要理解这个方阵两条对角线的数字相加和都是81不容易,但是如果把这两条对角线上下横着放,则每一列的和都是9。"沃德还证明了基于循环数的所有半完美幻方对角线之和是此幻方常数的两倍。

许多读者想知道并且会去研究一个一阶循环数乘上比它的位数 n 大的数时出现的情况。结果非常有趣,在所有这样的情况中,其乘积都能被简化成是原来数的一个循环排列或是由 n 个9组成的数。我用142 857来说明一下,它显而易见可推广到更大的循环数。

我们首先考虑大于 n,但不是 $n+1$ 的倍数的所有乘数。例如:142 857 × 123 = 17 571 411。记下右边的六位数,然后加上剩下的数:

$$571\ 411$$
$$17$$
$$\overline{}$$
$$571\ 428$$

这个和就是142 857的一个循环排列。

另一个例子,$142\ 857^2 = 20\ 408\ 122\ 449$。

$$20\ 408$$
$$\underline{122\ 449}$$
$$142\ 857$$

如果乘数非常大,我们就把乘积从右起分成6个数字一组。例如,142 857 ×
6 430 514 712 336。

$$183\ 952$$
$$040\ 260$$
$$\underline{918\ 644}$$
$$1\ 142\ 856$$

因为和的位数大于6,我们必须重复这个过程:

$$142\ 856$$
$$\underline{\qquad\qquad 1}$$
$$142\ 857$$

如果循环数乘上的是$n+1$的倍数(这里的n是这个循环数的位数),其积将
是一排9。例如,142 857 × 84 = 11 999 988。

$$999\ 988$$
$$\underline{\qquad\qquad 11}$$
$$999\ 999$$

读者自己就能很容易地发现这个过程如何应用到高阶循环数上去。

《拉特纳之星》(*Ratner's Star*, 1976)是唐·德里罗[①]的一部小说,其中涉及
关于142 857及其许多奇怪的数字命理学(numerological)性质。小说主角是一

---

① 唐·德里罗(Don DeLillo, 1936—),美国著名后现代派作家,已发表了13本长篇小
说及其他作品,涉及的主题极为广泛。——译者注

个来自布朗克斯[①]、名叫特维利格(Billy Twillig)的 14 岁数学奇才。1979 年,他被政府雇佣参与一个最高机密的项目,试图确定为什么银河系中一颗遥远的星星给地球发来了 14-28-57 的密码。最后他发现了这个数字的意义——最好你自己阅读这本小说去找出这个秘密。

$\frac{1}{13}$ 的周期段——076 923——在前面给出意义上的不是一个真正的循环数。但是,在下面给出的双重意义上,它是循环的。如果乘以 1 到 12 中的任何一个数,所得的结果一半是以 076 923 这六个数为循环排列,另一半是以 153 846 这六个数为循环排列。注意,这两个数(像最小的一阶循环数 142 857 一样)都可被分成两半,加起来和为 999。而且,每一个都可被分成三段,加起来也是 99(07+69+23=99; 15+38+46=99)。

如果一个 n 位的数乘以 1 到 $2n$,所得的积是两个 n 位数的循环排列,则称此数为二阶循环数。不考虑由 $\frac{1}{3}$ 生成的这种平淡无奇的情况,能生成一个二阶循环数的最小素数是 13,另一些能生成二阶循环数的小于 100 的素数是 31,43,67,71,83,89。

循环数可以是任意阶的。能生成三阶循环数的最小素数是 103。

[①] 布朗克斯,美国纽约市的五个行政区之一,在纽约市的最北部。——译者注

$\frac{1}{103}$ 的循环节乘以从1到102的任何整数,得到的乘积分成三组,每一组包含一个34位数的循环排列。能生成四阶循环数的最小素数是53。一般而言,正如伦敦的一位通讯记者达特纳尔(H. J. A. Dartnall)指出的,如果一个素数p的倒数有一个长度(数的个数)等于 $\frac{(p-1)}{n}$ 的重复小数中的周期段,则这个周期段是一个n阶循环数。例如,$\frac{1}{37}$ 生成三个数的循环节027。因为 $\frac{36}{3} = 12$,这个周期是一个十二阶的循环数。能生成五阶到十五阶循环数的最小素数分别是11,79,211,41,73,281,353,37,2393,449,3061。注意,五阶循环数11的循环节 09($\frac{1}{11}$ 的周期段)的10个这样的乘积,就是9的头10个乘积[①]。

高阶循环数的课题像是一片广袤丛林,希望在某一天能将这些零星散布的文献收集进一份包罗万象的参考目录中去。在非十进位制的系统里讨论循环数也是同样引人注目的。大部分进位制已有了这样的数;例如,在二进位制中,一阶循环数的系列(写成十进位制)是:3,5,11,13,19,29…。

---

① $\frac{1}{11}$ =0.090 909 09…所以它的周期是09,现在素数p=11、周期段的位数=2,由 $\left[\frac{(p-1)}{n}\right] = 2$ 可得n=5,所以11是一个五阶循环数。这里所指的10个乘积,是将从1到$p-1$=10的10个数去乘09。所以就是9的头10个乘积。——译者注

附　记

第1章　光学错觉

自从本书出版以来,已有大量新的、实质性的光学错觉被发现。对于许多最新错觉的戏剧性表演,我推荐到旧金山让人难以置信的科学博物馆——探索馆(The Exploratorium)去参观几天。

第2章　火柴游戏

当然,还有几百或许几千个火柴戏法和趣题不能列入这一章,其中有一些以后会出现在我的专栏文章中,并结集成书出版。然而,我不能在这里把一个令人费解的、不太为人所知且不知其来源的趣题拒之门外。它来自温尼伯①的斯托弗(Mel Stover)。

将五根火柴排列得看起来像一头面向西的长颈鹿:

---

① 温尼伯(Winnipeg),加拿大第八大城市,距离美加边境96千米。——译者注

最好把火柴头去掉或者用牙签,因为火柴的朝向是没有关系的。问题是仅仅改变一根火柴的位置,还保持原来的图像。第二头"长颈鹿"可以是原来那头的一个转动或者镜像。要是给出答案会破坏答题的乐趣。我知道已经有人为此花了几个小时,但是最后还是一声啊哈!深受打击。

第3章 球面和超球面

对三维或更高维的球面,寻找最可能的紧凑填充,在过去二十年里已经有了巨大的进展。紧凑填充与建立纠错码——发送数字信号时把由频道噪声引起的失真最小化的方法——密切相关这一事实,促进了这项工作。关于这项工作是如何进行的,有一个最好的非技术性解释,请参阅斯洛恩(Neil Sloane)在1984年《科学美国人》杂志上的文章。除了对球面紧凑填充的应用外,对模拟—数字计算机转换器的设计、以及对液体和固体的性质也有应用。

令人惊奇的是,最紧凑填充只在一维和二维"球面"证明了。在三维空间,面心立方填充无可辩驳地是最紧凑的填充,它充满了 $\pi\sqrt{18}$ 的空间(比74%略多一点)。开普勒在一篇论述雪花的小论文中,称它是最好的;富勒(Buckminister Fuller)在他的著作《协同学》(Synergetics)中也说了同样的话,虽然两人都没有证明。1988年,有人证明密度不能超过77+%。希尔伯特在他著名的1900年未解决问题清单中,列出了证明面心立方填充是最紧凑的填充这一任务。1990年,加州大学伯克利分校的项武义[①]宣布了一个证明,但是太长且过于复杂,而且在我写的时候还没有被确认。

1980年,哈佛大学的埃尔基斯(Noam Elkies)发现了由圆锥曲线构造紧凑填充点阵的一个巧妙的方法。这项技术已经导致了数种改进的填充,虽然还没

---

① 项武义,浙江乐清人,加州大学伯克利分校教授,著名几何学家。1993年任香港科技大学客座教授时,解决了面心立方填充是最紧凑填充即开普勒猜想的证明。——译者注

有完全理解为什么它能起作用。

下面的表格给出了四到十三维空间里以最为人熟知的填充构成的"接吻数"(与每一个球面接触的球面数):

4——24

5——40

6——72

7——126

8——240

9——272

10——372

11——566

12——756

13——1130

在四维空间中,现在所知的接吻数必定是24或25。八维和十二维空间的填充不同寻常地紧凑,几乎是最密的。

最近,最重要的发现是里奇(Leech)的二十四维空间填充,在其中每一个球面与196 500个其他球面相接触。1968年,康韦(John Conway)构造了此点阵的对称群,它有8 315 553 613 086 720 000个元素。1979年,贝尔实验室的斯隆(Neil Sloane)和奥德利兹科(Andrew Odlyzko)证明,能够与二十四维空间里的一个超球面相接触的超球面不会多于196 560个,但是尚未证明某些非点阵排列的填充或许更紧凑。

以各种方法切割里奇点阵提供了在小于二十四维(除了十,十一和十三维)的所有维数中最为人熟知的填充。关于在二十四维以上空间之中的填充人们知之甚少。当维数接近1000时,随机填充确实比任何已知点阵模式都好。

第9章　机器能思考吗？

现在,关于我们所知道的各类计算机——那些由线路和开关制成的计算机——是否能发展出意识、自有意志,以及人类所具有的执行创造性任务的能力,有着一场风靡一时的激烈争论。那些相信有朝一日计算机会达到这一目标的人里面包括了许多人工智能领域的领军人物。莫拉维克[①]在他《儿童智力》(*Mind Children*)一书中,甚至预言在接下来的半个世纪中将达到这个目标。

在哲学家中间,希尔勒[②]是反对这种观点的领头人物。最近,他的中文房间假想实验[③]设计正处在热烈争论之中,该设计是用来证明无论计算机是多么地快和老练,也只是一台玩弄符号但并不懂其意义的机器而已。计算机能熟练下棋,但它们"*知道*"它们是在下棋吗?计算机能比一台知道自己正在清扫地毯的真空吸尘器知道更多的东西吗?

对于认为计算机是以类似于人类的思维方式思考的观点,最强烈的攻击

① 莫拉维克(Hans Moravec,1948—),人工智能和机器人学家。著作有《智力后裔:机器人和人类智能的未来》《机器人:通向非凡思维的纯粹机器》。1980年代,他和其他人一起提出了莫拉维克悖论,认为人类所独有的高等智慧,如推理等,只需要非常少的计算能力,而无意识的技能和直觉却需要极大的运算能力。他说"要让电脑如成人般地下棋是相对容易的,但是要让电脑有如一个一岁小孩那样的感知和行动能力却是相当困难、甚至是不可能的。"书中把Moravec错拼为Moravic,现已改正。——译者注

② 希尔勒(John Rogers Searle,1932—),美国哲学家,强人工智能的反对者。——译者注

③ 中文房间假想实验(Chinese Room Thought Experiment)是希尔勒设想的一个用以反驳强人工智能的实验。内容大致为:一个以英语为母语、对中文一窍不通的人被关在一间封闭房间(中文房间)中。房间里有一本中英对照的手册。房外的人不断向房间内递进用中文写成的问题。房内的人便按照手册,将中文翻译成英文,并将答案递出房间。希尔勒认为,尽管房里的人可以让房外的人以为他是以中文为母语的人,然而他压根不懂中文。由此说明计算机不可能通过程序获得智力。——译者注

是英国数学物理学家罗杰·彭罗斯的《皇帝新脑》(*The Emperor's New Mind*)。你一定不会认为彭罗斯是在保卫"机器中的幽灵",或者已经放弃了智力是物质大脑的一种功能的观点。彭罗斯的中心之点是,我们对事物、特别是量子力学层面之下的事物知道得不够多,还不足以理解我们的大脑是怎样进行工作的。换句话说,我们对于一台计算机必须通过的那种界限究竟复杂到何种程度根本没有认识,然而只有通过这种界限,计算机才能了解自我,具有自由意志,构造丰富多彩的科学理论,发现有意义的数学定理,写出好诗,等等。

原则上可以构造一台带修补匠玩具的图灵机,它能做电子计算机可以做的任何事情。当然,它将像庞然怪物那么大,而且极端地慢。然而,一台由线路和开关组成的计算机不能做超出它能力的任何事情。这样一台笨拙玩具似的计算机,这么大,这么复杂,会了解自我吗?或者,就像彭罗斯认为的,这种意识需要计算机以一些尚未知的物理学定律作为基础?

根据《华尔街日报》(*Wall Street Journal*,1991 年 3 月 19 日)报道,图灵测试计划真的即将开始。第一轮测试在波士顿的计算机博物馆举行,由心理学家爱泼斯坦(Robert Epstein)主持,评判员有哲学家奎因(W. V. Quine)和丹尼特(Daniel Dennett)、计算机科学家魏曾鲍姆(Joseph Weizenbaum)。一位纽约商人、慈善家和计算机迷勒布纳(Hugh Loebner)提供 100 000 美元以奖励第一个通过图灵测试的人,只要他符合已经给出的详细附带条件。在第一轮中取得高分的人能够得到一小部分奖金。

第 10 章　循环数

基钦(Edward Kitchen)在《数学杂志》第 60 卷(1987 年)第 245 页的问题 1248 中,注意到了六个坐标点 $(1,4),(4,2),(2,8),(8,5),(5,7),(7,1)$ 落在一个椭圆上的奇怪事实。在研究了所有周期为 6 的倒数后,一群求解者发现,以此方法处理的另外8个坐标点是在椭圆上，而与13和17个坐标点对应的则在双曲线上。能提供足够的点以决定唯一一条圆锥曲线的所有其他周期为6的倒数都不在圆锥上。

责任编辑　刘丽曼

装帧设计　李梦雪　杨　静

·加德纳趣味数学经典汇编·
三角、随机行走及图灵机

［美］马丁·加德纳　著

陆继宗　译

上海科技教育出版社有限公司出版发行

（上海市闵行区号景路159弄A座8楼　邮政编码201101）

www.sste.com　　www.ewen.co

各地新华书店经销　天津旭丰源印刷有限公司印刷

ISBN 978−7−5428−5873−3/O·997

图字09−2013−851号

开本720×1000　1/16　印张10.25

2017年6月第1版　2023年8月第3次印刷

定价：32.80元